ORIGINAL POINT PSYCHOLOGY | 沅心理

U0833342

隐性创伤的
情绪地雷

[西] 安娜贝尔·冈萨雷斯 __ 著
(Anabel Gonzalez)

麦吉 __ 译

华龄出版社
HUALING PRESS

Title: NO SOY YO, by Anabel González
Copyright © 2017 Anabel Gonzalez. Simplified Chinese Characters-language edition
Copyright © 2025 by Beijing Jie Teng Culture Media Co., Ltd. All rights reserved. Copyright licensed by EDITORIAL PLANETA, S.A.U., arranged with PEONY LITERARY AGENCY LIMITED.

北京市版权局著作权合同登记号 图字：01-2024-5419 号

图书在版编目（CIP）数据

隐性创伤的情绪地雷 /（西）安娜贝尔·冈萨雷斯著 ; 麦吉译. -- 北京 : 华龄出版社, 2025. 2. -- ISBN 978-7-5169-2925-4

Ⅰ. B842.6-49

中国国家版本馆 CIP 数据核字第 2025RD3802 号

策　划	颉腾文化		
责任编辑	貌晓星　梁玉刚	**责任印制**	李未圻
书　名	隐性创伤的情绪地雷	**作　者**	[西] 安娜贝尔·冈萨雷斯
出　版 **发　行**	华龄出版社 HUALING PRESS	**译　者**	麦吉
社　址	北京市东城区安定门外大街甲 57 号	**邮　编**	100011
发　行	（010）58122255	**传　真**	（010）84049572
承　印	涿州市京南印刷厂		
版　次	2025 年 2 月第 1 版	**印　次**	2025 年 2 月第 1 次印刷
规　格	880mm×1230mm	**开　本**	1/32
印　张	8	**字　数**	174 千字
书　号	ISBN 978-7-5169-2925-4		
定　价	69.00 元		

版权所有　翻版必究

本书如有破损、缺页、装订错误，请与本社联系调换

赞誉
Praise

真是一本好书！它通俗而细腻地描摹出隐性创伤的疗愈地图。陈年伤痛貌似已然云淡风轻，实则始终都在你我的心智系统及其衍生的现实中暗流涌动。整合放逐的部分，修复破碎的记忆，释放潜抑的情绪，认同本真的自我，创造祥和的体验，相拥活着的美妙……今日之你，决然不复当初那无依求生的孩童！你本具自我救赎的丰富资源，更值得以此书作为重生之旅的有力助缘。

——邓竹箐　大众心理团练“竹临心舍”带领者，ACT 咨询师、督导师

日常门诊中会接待大量因为各种各样情绪困扰就诊的患者，仔细评估，发现多数情绪困扰来自人际关系的隐性创伤——想要支持没得到支持，想要看见没被看见，或者希望被理解而不是被强行干涉等。本书是一本可读性很强的大众心理科普书籍，深入浅出地表达出如何给隐性创伤触发的情绪地雷排雷，相信读完本书的大众会更加懂得自己，减少走入精神科门诊的概率。

——朱晓敏　医学博士，苏州市心理卫生中心主任医师

本书深刻剖析了创伤后应激障碍（PTSD）与复杂 PTSD 对个体心理的影响，提供了超越 DSM-5 诊断标准的深刻见解。它将我们的视线引向创伤背后的情感与认知重建，以及个体如何在心理治疗的辅助下走向愈合。对于渴望深入了解创伤并探索自我恢复之路的读者，这本书是一份难得的心灵指南，值得推荐。

——刘光亚　湖南省第二人民医院精神科主任医师

隐性创伤无所不在。创伤疗愈是实现身心整合和转化的关键，是身心健康、家庭幸福和个人成长的重要保障。本书作者通过平实的案例为如何识别创伤、理解创伤、疗愈创伤提供了卓有成效的积极工具。译文简洁平易，字里行间充满智慧，既适用于心理自助，也可以为身心工作领域的瑜伽教师、心理咨询师们提供有力的参考，是本难得的好书！

——闻风　资深正念导师，《瑜伽之书》译者

本书通过生动的案例，系统介绍了隐性创伤的由来与发展，揭示了日常生活中不易觉察的情感伤痕，带领读者看见隐性创伤如何影响我们的思维、情感乃至行为模式、人际关系。让读者在感到共鸣的同时，学会简便有效的自我疗愈方式，重建内心平和，实现创伤后的自我成长。除了大众自我疗愈，本书也同样适合心理咨询师、社会工作者等专业助人者阅读。阅读本书，你将收获对他人更深刻的理解，在脆弱与伤痛背后，看见生命的坚韧与力量！

——张昕　心理咨询师，世卫组织 PM+ 创伤干预骨干人才

献词

Dedication

谨以本书献给所有在拉科鲁尼亚医院（CHUAC）精神科的创伤与解离项目中接受治疗的患者。这本书是在他们对自身的疑惑、我们共同的思考以及在治疗过程中遇到的各种情况的基础上构建起来的。

感谢露丝（Ruth）、玛丽亚·赫苏斯（María Jesús）、帕布洛（Pablo）、贝伦（Belén）、胡安·何塞（Juan José）、伊内斯（Inés）、安娜（Ana）、伊玛（Inma）和阿德里亚纳（Adriana），他们在项目轮转期间，帮助我推进和评估工作，制定和组织治疗方案。

向我的同事玛里索尔（Marisol）和罗莎（Rosa）致以敬意，尤其是卢拉（Lula），她曾与我一同作为小组治疗师，与患者一起度过了很长一段时间。

感谢路易斯（Luis）和帕洛玛（Paloma）在文字编校上给予的协助。

前言
Preface

本书的核心思想主要来自我职业生涯中遇到的患者，以及他们为了从那些不幸的经历中恢复过来所付出的艰辛努力。我有幸陪伴他们，帮助他们更好地了解自己的内心世界，并改变那些痛苦经历带来的影响。在这个过程中，我逐渐形成了一种理解心理问题的方法。

鉴于本书是面向大众的普及读物，这里并没有深入探讨关于解离和复杂创伤的理论。如果你对这个话题感兴趣，可以查阅一些更专业的书籍，比如 *Trastornos Disociativos*、*Trastorno de Identidad Disociativo*、*EMDR y Disociación, el Abordaje Progresivo*，这些书都是我和同事多洛雷丝·莫斯克拉（Dolores Mosquera）合作出版的。

EMDR 疗法让我对创伤和解离有了全新的认识。这种疗法认为，人们当前面临的问题，往往源自大脑未能妥善处理的一些负面经历。这些未被消化的经历，常常在不知不觉中影响着自己的行为和感受。这个核心观点在整本书中都有体现，我会不断地探讨当前的行为模式与过去经历之间的联系。

最近几年，情绪调节的研究与创伤、依恋和解离的治疗日益紧密联系在一起。我与同事露西亚·德尔里奥（Lucía del Río）和阿尼亚·胡斯托（Ania Justo）一起，研究了心理解离与身体症状、情绪调节以及精神病之间的关系。这些研究也为本书增添了不少内容。

目录
Contents

引言

外部环境可以夺走我们的一切，
唯独夺不走我们选择如何回应环境的自由。

——维克多·弗兰克尔（Viktor Frankl），
奥地利神经学家和精神分析学家

萨拉（Sara）经常头疼，医生说这是由紧张引起的。但萨拉自己不这么认为，她觉得头疼和她担心的事情之间没什么关系，而且也不是在她紧张的时候就疼。马科斯（Marcos）有时候会突然发火，但他不是个坏脾气的人，只是有些事情会让他一下子爆发，事后他会感到非常内疚。露西亚（Lucía）一直有点抑郁，这几年情况变得更糟了。她从小就是个消极、悲观的人，而且总是看轻自己。玛丽亚（María）记性不好，经常忘记事情，有时候做着做着某件事就忘了自己为什么要做。索菲亚（Sofía）有时候用割伤自己的方式来逃避她不想面对的情感，或者她会暴饮暴食，试图填满内心的空虚。克拉拉（Clara）经常感到自己和周围的世界格格不入，好像一切都是梦境，她像机器一样机械地生活。卡门（Carmen）脑子里经常有些声音，这些声音会骂她，还会逼她做一些她不愿意做的事情。何塞法（Josefa）是家里的顶梁柱，她是家里的女强人，总是帮周围的人解决问题。达里奥（Darío）一直生活在焦虑中，过去的记忆总是不断浮现，让他感觉好像那些事情又在发生。佩德罗(Pedro)觉得自己没什么问题，但他妻子说他对她不够关心，而且很难接近他。

这些人有什么共同点呢？他们的情况看起来大不相同，如果他们咨询过心理专家，很可能会被诊断出各种各样的疾病。然而，他们的问题都源自在他们生命中非常敏感的阶段所经历的创伤性事件，这些事件可能是长期且严重的。

此外，由于这些经历，他们调节情绪的方式也受到了影响。每个人对所经历事情的反应方式各不相同，我们看到的很多反应是完全相反的。有些人，比如萨拉或佩德罗，已经与自己的情绪完全脱节，到了全然无法感知的地步。而另一些人，比如索菲亚或达里奥，却总是被自己的情绪淹没。这两种极端表现都会带来问题，阻碍他们理解和调节自己的情绪状态，以及改善生活中的各种表现。

这些人都有一个共同点，那就是他们总是在和自己过不去。露西亚不停地做自我批评，马科斯努力控制自己的情绪，一旦失控就会自责。达里奥总是和自己的回忆做斗争，何塞法总觉得自己做得不够好。玛丽亚和克拉拉甚至不清楚自己到底是怎样的人……他们拒绝接受自己的某些方面，比如性格特点、突然冒出的回忆、听到的声音、感受到的情绪。这些都是他们不想去想、不想去感受、不想去做的事情，是他们不愿意承认、不愿意成为的那部分自己。这种自我斗争在他们的生活中无处不在，耗费了他们大量的精力。这种内心的挣扎不仅没有帮他们解决问题，反而成了他们问题的核心。

在这些案例中，我们会看到每个人对自己问题的认识程度和问题根源的理解都有很大的不同。如果我们问这些人，有些人可能会把自己的症状和影响他们的个人经历联系起来，但还有很多人可能根本搞不清楚自己到底怎么了。就像我们看到的，有时候一个人并不觉得自己有问题，是周围的人觉得他有问题。他可能觉得自己的经历没什么大不了的，或者认为过去的事情早就过去了。我们会在接下来的章节中继续探讨这些问题。

维克多·弗兰克尔是一位奥地利的脑科医生和精神科医生，他在纳粹集中营里幸存了下来。和他一样，很多人也经历过让人心里留下创伤的事情，这些事情深深地影响了他们和别人、和自己、和整个世界的关系。虽然这些心理创伤不像弗兰克尔的那么明显，但它们的影响同样深远。随着 20 世纪发生的大规模战争冲突，人们开始更多地从科学角度研究心理创伤。大家越来越明白，这些创伤会让人产生长期的心理问题，而且很多问题不会自己慢慢好起来。因此，人们开始研究专门针对心理创伤的治疗方法，并且对这些治疗方法的作用有了更深的理解。

除了战争带来的创伤，最近几十年，人们也开始关注家庭暴力，尤其是针对妇女和儿童的暴力。这些家庭暴力就像是看不见的战争，虽然听不到炮声，看不到伤口，但它带来的短期和长期后果同样严重。

这本书讲的就是这些痛苦经历对我们心理的影响，但就像弗兰克尔说的，关键在于我们有选择如何应对这些经历的自由。要做出选择，首先得理解问题，得清楚地知道自己和周围发生了什么，然后看看我们有哪些办法可以应对。所以，这本书的很多章节都会帮助我们理解不好的经历是怎么影响自己的思维和行为的。但仅理解还不够，我们还得积极地参与改变现状。那些糟糕的情况如果持续存在，会让我们形成一些固定的行为模式，我们需要有意识地打破这些模式。我们要有意识地、积极地摆脱那些让自己停滞不前、困在不满意状态中的惰性。

什么是创伤

关于哪种经历应该被定义为创伤性的，学术界并没有一个共识。但很明显，在严重事故中濒临死亡、遭遇抢劫，或者像在地震、火灾或洪水这样的灾难中失去所拥有的一切，这些都是潜在的创伤性情况。然而,这些并不是心理层面上最具破坏性的情况。

人类有着惊人的适应能力和生存能力。但与其他动物不同，人类如何应对所发生的事情与人际关系有很大关系。特别是在从出生前到成年的长期过程中，人依赖于自己的照顾者。一开始，人在母亲的肚子里生长，并建立了依恋关系以保护自己并继续情感和身体上的成长。从进化的角度来看，这使人类作为一个物种能够达到非常高的功能水平。但人类最强大之处也是其最大的弱点，因为人在成长过程中高度依赖照顾自己的人。即使成年后，人也总是在人际关系的范围内活动。因此，没有什么比另一个人更能对自己造成心理创伤了。

自然灾害或者意外事故确实会给人带来很大的伤害，但是人与人之间的伤害往往更厉害，它们会深深地影响到一个人的内心世界和信念。特别是那些在我们小时候发生的事情，或者是在最亲近的人之间产生的伤害，会让我们的心理受到很严重的创伤。这种创伤被称为“复杂创伤”。

虽然这个词在国际上的医学分类里还没有成为一个正式的诊断，但已经有很多专家研究过这类经历对心理的影响。实际上，我们受伤的事实和我们想要依靠别人的愿望之间的矛盾，让我们很难接受。有些专家认为，当信任的人背叛我们，这才是创伤中最核心的部分。作为社会动物，我们从小就在感到安全和被保护的群体中长大，成年后也会继续在这种支持网络中生活。

来自这些关系之外的伤害还算是意料之中的。如果伤害来自我们期望得到其照顾的人，或者他们对我们不理不睬，这就超出了我们大脑的预期。比如，如果我们出了车祸，可能最让我们难以忘怀的是警察到达现场时的冷漠，或者是在医院里躺在病床上，没人告诉我们到底发生了什么。或者如果我们的家人因为严重的问题被紧急送进医院，医生一句漫不经心的话可能会让我们特别介意。当我们特别需要帮助，尤其是在我们很脆弱的时候，如果那些我们期待其会给予帮助的人却对我们不好或者忽视我们，可能会让我们心里的某些东西“破碎”。

家里发生的虐待或被家人抛弃，往往会给人留下更深层的心理创伤。这些事伤害了家里最弱小的成员，而家本来应该是对我们而言最安全的地方。还有，比如经历过战争、被绑架、长期被关起来，和一个会打我们或者在情感上伤害我们的伴侣一起生活，这些都可能让人精神崩溃。这不是说我们就忘不了那些事，而是那些事彻底颠覆了我们对自己的看法、对他人的看法，以及对整个世界的看法。

有些专家还提到了“隐性创伤”。这说的是一些日常小事，我们可能觉得这些事没什么大不了的，每个家庭都可能发生。比如，没人理我们，别人对我们的感受不在乎，有人利用我们，或者在我们特别需要帮助的时候，没人给我们支持。

很多这样的情况都和“依恋”这个概念有关。依恋是指我们小时候依赖照顾我们的人，长大后我们也会依赖那些和我们建立了感情联系的人。

健康的依恋关系叫作“安全型”或“自主型”依恋，就是说小孩和照顾者之间有很好的、平衡的、稳定的关系。如果关系太疏远或者照顾得太过分，那就是不安全的依恋。在不安全的关系里，人会感到害怕，依恋关系会变得混乱。安全的依恋关系可以保护我们，帮我们更好地面对生活中的困难。而不安全或者混乱的依恋关系会让我们和别人，甚至和自己相处的时候，遇到很多麻烦。

早期的创伤事件对一个人的影响会因其发生时期不同而有所差异。当一个人经历了许多严重的负面事件，并且与照顾者之间的关系混乱时，可能会产生一种被称为解离的心理现象。解离是一个包含多种表现的复杂概念，比如记不住某些事情、感觉身体和情感分离，或者出现各种身体症状。一些专家认为，解离最显著的特征是个性和身份的分裂。

创伤的症状表现

那些经历了很严重的人际创伤的人，经常会和自己的内心斗争，他们不想回忆那些痛苦的事情，也会拒绝接受自己性格中他们不认同的部分。他们可能会有和自己的真正想法不一样的感受、思考或者行为，对自己的一些行为感到陌生，或者总是感觉自己活得很矛盾。他们没有一个完整的自我认识，他们的很多心理活动也没有得到很好的控制和调整。

解离的症状一般会在经历了很严重的创伤和关系混乱的情况下出现。可能在日常生活中，或者回想过去的事情时，他们会突然记不得一些事。他们对内心的感觉或者外面发生的事，会觉得很奇怪或者有距离感，感觉自己的行为像是自动的，像机器一样。他们可能会有一些想法、感情或者行为，自己都觉得不像是自己会有的，有时候甚至会“听到”一些声音在脑海里说话。他们的性格可能会有很明显的变化，或者对自己的情绪和行为控制得很严。

有些症状还可能是身体上的，各种各样的都有，比如身体的某部分不能动了，或不由自主地动，或感觉变得不一样了，甚至可能会看不见或者听不见。有些人在遇到创伤时就会有这些感觉。比如，被攻击的时候，他们可能会觉得自己好像飘在外面看自己，或者有些记忆好像被删掉了一样。还有些人，这些症状可能会在很久以后才出现，比如，他们可能会对小时候的一些事有反应，但反应很小，等长大了，这些反应就会变得很明显、很强烈。

这些症状和复杂创伤的其他一些普遍表现一起出现，比如对自己和世界的看法发生了较大变化，在控制情绪和冲动上有问题，会做出伤害自己的事，保持亲密关系有困难，对人的判断变得不准确，对那些伤害自己的人还抱有不切实际的好感，以及出现各种身体上的问题。

不管这些问题看起来是什么样的，理解我们现在的问题和过去发生的事情之间的联系非常重要。我们还必须明白，为什么这些问题会让我们感到痛苦，我们也想摆脱它们，但它们好像一直跟着我们。感觉自己不被人理解，也搞不懂自己经历过的事情，这在那些生活在充满创伤环境中的人身上很常见。一方面，他们缺少每个孩子都需要的那种被无条件接受和理解的感觉。另一方面，他们周围的世界经常充满了让人搞不懂的矛盾和奇怪的事情，也没人帮他们搞清楚到底发生了什么。因为这些小时候和成年后的经历，他们很难理解自己、接纳自己，也很难好好地对待自己的需求。

本书的主要目的就是帮助有这类问题的人和专业人士理解，这些问题为什么会发生，又为什么会持续存在。

我们看待自己的眼光，以及我们和别人相处的方式，最初是为了在一个充满敌意的环境里生存而形成的。现在，我们需要对这些进行彻底调整。我们需要学会用一种新的眼光来看待自己，我们对其他人和这个世界的看法也需要变得更成熟、更灵活。如果能够理解这些问题，我们就能够开始做出改变。

第 *1* 章

迈向有意识的自我行动

我们应该学会忘掉许多学过的东西，
并去学习那些没有人教给我们的东西。

—— 罗纳德·莱茵（Ronald Laing），
苏格兰精神病学家

胡安（Juan）在一场持续多年的战争中幸存下来，事实上，这场战争开始于他出生之前很久。他的祖先们已经打了几十年的仗，没人说得清这场冲突是如何开始的，也没人知道为什么他们还在继续战斗。这就是他成长的世界，在他前往另一个国家之前，他甚至不知道有别的地方存在。

在战争中，胡安掌握了很多技能。他学会了如何找到相对安全的地方，但因为没有任何地方是绝对安全的，所以他练就了一种半睡半醒的睡眠方式，总是枪不离身，同时保持高度警觉，一有点儿动静就能立刻察觉。他还对人有很强的直觉，能够察觉出任何人的可疑举动或态度。不信任任何人，就避免了被背叛的可能。这种能力多次救了他的命。

胡安被迫成为战斗技巧专家。他学会了怎么打斗，而且面对一点儿挑衅就能毫不犹豫地出手。他遵循的原则是，先下手为强，不给对方先出手的机会。他也很擅长逃跑，有一次他被一伙人攻击，就靠着跑得快甩掉了他们。他在森林里以极快的速度逃了几个小时，把追兵远远甩在了后面。他最大的本事是能够一动不动地隐藏起来，像雕塑一样，几乎不呼吸。这样敌人就算近在咫尺也发现不了他。

有一次他甚至装死，当敌人为了确认他是否真的死了而向他开枪时，他硬是忍住疼一动没动。当他被一个武装团伙俘虏并被关押了好几个月时，他通过低头、避免直接的目光接触来不引人注意。他服从所有的命令，甚至因为他照顾其他囚犯而变得对敌人来说不可或缺。他做的工作总是超出别人的要求，表现得像个模范囚犯，并因此避开了很多惩罚和苦难。当敌人开始信任他时，他找到了逃跑的机会。

胡安能在这些危险的情况下保持冷静，因为经历了太多，他变得完全麻木了。他不再有感觉，不再感到痛苦、恐惧或悲伤。他脑子里唯一想的就是怎么活下去，怎么熬过每一天。对他来说，痛苦都成了一种承受不起的奢侈。

胡安 18 岁的时候，坐船离开了一直在打仗的老家，去了一个新的国家。但在情感上，他感觉自己既像一个筋疲力尽的老人，又像一个从未有机会长大的孩子。

他来到了这个新的世界，但他所有的适应机制都是为旧世界准备的，他甚至没意识到需要关闭这些机制。听到汽车的引擎声，他的手就会不自觉地摸向腰间找枪；听到大的声响，他会本能地想找地方躲避。他没法和人建立联系，因为当邻居在电梯里向他问好，或者有人试图和他聊天时，他总是反应冷淡。他的脸上总是带着紧张和不信任，所以也很少有人接近他。

尽管这个新地方没有他老家那么多和那么大的危险，但胡安还是用同样自动的反应来应对。咖啡馆里平静的谈话、面包店老板娘的微笑、人们在公园里无忧无虑的散步，这些美好的感觉他都感受不到。生活无法穿透那些曾有效保护他免受伤害的外壳。

那种麻木感还在，它盖过了所有的感觉，让他无法感受到微风轻拂或阳光照在脸上的温暖。唯一能引起他感觉的，是那些触发他警觉的东西——那些东西有很多，它们引起的唯一感觉就是对危险的预感。直视别人的眼睛总会让他感到不舒服，好像有根筋绷着，如果目光停留太久，这种感觉还会增强。所以他总是避开别人的目光。

有时候，胡安脑中会突然闪现一些回忆，甚至回忆在梦中也会冒出来，引发强烈且难以承受的感觉。不过，他大多数时候都能把这些回忆压下去，就是得一直让自己保持紧张。从小他就被灌输了一个观念：放松警惕可能让你丧命。他还学会了未知的地方充满变数，所以他总是严格而机械地重复自己的日常活动。他吸收了很多在多年战争生活中至关重要的东西，这些都成了他的生活方式。

虽然他知道战争已经结束了，但他内心深处的自我好像还停留在那里，他的身体也像从未离开过那些危险一样反应着。他没有意识到自己已经到了另一个地方，处在不同的环境中，他过去的那些经验在这里已经不管用了，他正在错过很多不仅无害而且有益的东西。胡安正受困于那些曾经保护过他的外壳，现在正是这些壳不让他真正活出自己的生活。他带着旧世界的地图在新世界行走，用他那些老同胞的语言和新国家的同胞交谈。他情感上的麻木是如此之深，以至于他甚至没有意识到这一切正在发生，而且时间的流逝似乎也没有让事情变得更好。只有当他意识到这些问题的时候，他才有可能开始改变。

当遇到难关时，我们的身体和大脑会自动集中精力去解决问题。如果手头的办法解决不了问题，我们会想办法至少熬过这一段。如果情况变得难以承受，我们会尽量让自己保持稳定，继续向前走。整个过程大多是自动发生的，尤其是当我们感到有威胁的时候，因为此时没时间去仔细分析。这时，生存成了最重要的事，我们会本能地做出反应。

一个士兵在战斗中完全依赖于这种基本的生存能力。他必须保持警觉，发现威胁，并完善他的防御系统。在危险中，他必须先行动再思考，并且要行动得准确无误。在这些反应中，人类和其他在自然界中为了生存而战的动物并没有太大的不同。实际上，这些反应是从人类大脑最原始的部分开始的，人类在这些部分和进化程度较低的物种（如爬行动物）是相似的。面对威胁，这是最快、最有效的方式。

当这些自动系统持续时间过长，并且变成一种模式时，就会引发问题。时间久了，这些模式最终会在它们被设计用来应对的情境之外被激活。我们会对无害或较小的情况做出反应，就好像面对的是生死威胁一样。在这种情况下，我们将始终处于高度警戒状态，不必要地耗尽宝贵的资源。这就像是家里有一个警报系统，每次有苍蝇从窗户飞进来就会触发，这个警报系统真的能很好地保护我们免受可能的盗贼侵害吗？

战争经历是一种严重的人际创伤情况，可能会导致复杂创伤和解离的症状，但这并不是人类参与的唯一“战争”。也许最可怕的战争是许多儿童不得不在一个充满敌意的家庭环境中成长。这些不利的环境不仅包括身体虐待或性虐待，还包括照顾者抑郁、生病，或难以理解、照顾和关心依赖他们的儿童。当一个母亲在孩子出生后的前两年遭受重大创伤时，她与孩子的联系可能会受到严重影响，影响孩子后来的心理发展。

自我防卫的本能

人类的心理特点确实让事情变得更加复杂。比如，士兵胡安会用上一大堆保护自己的办法。这些办法会根据不同的情况被激发出来，以满足当下的需求。如果打得赢，比如对方拿的武器跟自己一样，他就会去战斗；如果打不赢，他就会逃跑。

在野外，动物也是这么做的。一头熊和一头狮子如果实力相当，可能会打一架。如果它们打斗之后，狮子占了上风，熊也不会觉得逃跑有什么丢脸的。但人类可能会觉得不好意思，哪怕知道逃跑是活命的最好办法。我们的信念、社会规则和道德观念会影响我们对所发生事情的后续理解，可能会让我们很难接受自己没有战斗就逃跑了，我们可能会觉得自己胆小懦弱，然后对自己感到失望。

我们的自卫本能不只包括战斗和逃跑。这两种方式都是要采取行动，但如果我们什么也做不了怎么办？比如，当被一个捕食者攻击而且无处可逃的时候，我们该如何保护自己呢？在大自然里，情况就简单多了。比如在一群狮子中，所有的狮子都会向头领低头，除非它们长得足够大，能够挑战头领。

但当我们还是孩子的时候，一个老师、一个年龄更大或更强壮的孩子，或者家里的某个人如果威胁我们，我们可能会因为低头和避免眼神接触而感到内疚，尽管这两种策略对于生存来说都是非常明智的。我们的身体会本能地选择最能保护自己的行动，但我们的思考却不放过自己，会告诉自己“我们做得不够”。这种信念可能会伴随我们一生，并影响我们后来面对的许多情况。

最后，在没有出路、没有选择的情况下，比如当一个捕食者把猎物逼到绝境时，很多动物会保持静止，并进入一种假死状态，这会让攻击者失去兴趣。捕食者通过进化学会了不攻击不移动的猎物，这样它们就不会冒吃到可能已经死去和受到污染的动物的风险。因此，在不确定的情况下，保持静止可能是至关重要的，我们的身体知道这一点。对士兵胡安来说，这种生存本能救了他一命。

正视伤口才有疗愈的可能

就像在面对羞辱我们的人时屈服一样，不做出反应可能会被认为是不好的。童话故事和电影里说的都是，英雄不是那些软弱或低头的人，而是那些即使在逆境中也能取得胜利的人。更糟糕的是，人们认为真正值得敬佩的是那些在明显已经输掉的战斗中死去的人，因为他们将理想置于基本的生存逻辑之上。

人类有时会改变自己天生的反应系统，而这些改变有时效果并不好。我们的天性其实更加睿智，也更简单。如果在读这一章时，我们问自己“那次我为什么不还手”，答案可能是“因为我的身体比我更知道该做什么”。进化教会了人类很多时候不采取行动比采取行动更好，最聪明的防御可能不是反击，而是完全不动。对于那些经历过重大负面情境，暂时丧失反应能力或瘫痪的人来说，可能很难理解不采取行动实际上是在保护自己。

就像之前提到的，生存所需的那些本领，放到日常生活中就不太合适了。如果长时间都处于自我保护状态，想要调整我们的应对系统就没那么简单。我们往往会倾向于硬着头皮往前冲，自动地应对一切,然后尽量不再去回想那些事。这种倾向非常强烈。在溺水时，这些本领就像是我们的救生板，但我们没有意识到，一旦我们从海难中逃生，那块救生板就变得不再需要，甚至成了累赘。

如果走到哪儿都带着它，去吃早餐、睡觉或工作，它就不再是解决办法，而变成了问题。把在一个特定情境下有效的系统应用到所有情况，会让它变得不再有效，可能短期内有好处，但长远来看可能会有负面效果。

此外，我们可能还会通过失去联结让自己保持稳定状态，但这会让我们对问题的认识很模糊，甚至完全认识不到问题。时间久了，可能会出现看似和过去经历无关的心理或身体症状。即使一个人明白问题的根源，他也会犹豫是否值得开始一段漫长的治疗过程，去揭开那些艰难和痛苦的往事。他们真正想要的，只是永远不再去触碰这些事。

长期处于负面情境还会带来的另一个影响是，这些本能的防御系统，一旦变成自动反应并且持续存在，最终会不加选择地被激活。因此，它们后来可能会出现在已经不再适用的情况中。我们已经成年了，或者面对的是我们可以对抗的人，或者我们有办法摆脱当前的困境，但我们的系统已经不知道怎么选择了。它总是会回到过去有效但现在不再有用，甚至可能适得其反的反应上。无论如何，这些都是我们身体设法启动的反应尝试。

事实是，如果我们不停下来治疗创伤，伤口便不会愈合，痛苦就会永远留在心里。我们的身体会持续保持警觉状态，因为危险已经过去的消息还没有传达到我们内心深处。我们的保护系统会被卡住，会僵硬地反应，不会适应当前面临的新情况。我们用来抵御痛苦的那种情感麻痹会让自己觉得已经克服了它，或者认为它并不那么重要。我们可能会觉得恢复正常功能的成本太高，重新联结那些深深埋藏的情感和感觉意味着不必要的痛苦。

但不这样做就等于知道房子后院的花园里有一颗地雷，我们以为只要不走到埋雷的地方就行了。然而，总有一天，我们可能会不小心踩上去。即使这种情况不发生，我们也永远无法尽情地在花园里玩耍。

第 2 章

重新学会感受

在生活与我之间，隔着一层薄如蝉翼的玻璃。
无论我多么清晰地看见并理解生活，却始终无法触及它。

—— 费尔南多·佩索阿（Fernando Pessoa），
葡萄牙著名诗人

在受伤当下通常意识不到自己受伤，而是等到后来停下来，开始注意自己的感受时才会感觉到。如果一直受到伤害，去关注自己的内心感受就成了一种奢侈，我们渐渐习惯了不去感受。在人际交往中也是这样，通常周围的人并不能察觉到我们的感受，也没办法帮我们理解自己的反应。周围环境的不协调，让我们的隔阂感更深了。

即使人们表面上情绪激烈、难以自控，他们也可能难以触及或认同某些特定的情绪。一个在暴力频发的家庭中长大的孩子，很可能无法妥善处理自己的愤怒情绪，他们可能会走向两个极端：一种是愤怒失控，如果被某些事情触发，他们可能会冲动行事，不加控制。另一种是试图压抑或隐藏自己的情绪，这会导致他们在坚定表达自己的需求、拒绝他人或请求所需时遇到困难。当孩子的照顾者，比如父母，处于抑郁状态时，孩子就无法表现出自己的悲伤。如果孩子注意到了照顾者的悲伤，孩子就可能选择不展现自己的忧伤。如果一个人无法表露自己的羞耻感或厌恶感，将来可能就会主动回避这些情绪。

人们不仅可能会回避或压抑负面情绪，就连快乐或幸福这样的正面情绪，有时候也会让自己害怕或自我设限。可能是因为这些正面情绪和一个人的生活经历格格不入，也可能是因为人们觉得自己不配拥有这样的快乐。有时候，在人生的早期阶段，由于照顾者自己的情绪问题，或者他们自己不懂得享受生活，孩子很少有机会和照顾者一起分享快乐时光。在这种情况下，正面的情绪就变得很尴尬，经常会让人想起自己本应拥有却没有得到的东西。

情绪和身体感觉是我们的感知工具。如果我们削弱了这些感知，就会失去对周围发生事情的感知，以及对我们自身需求和实现需求方式的理解。我们会像没有导航一样前行，无法依靠直觉，只能依赖逻辑推理的指导。然而，这种逻辑推理本身也可能因为那些在创伤性环境中形成的观念而变得扭曲。

康复过程中的一个重要部分是与情绪和解，并意识到自己拥有调节情绪的资源。情绪本身没有好坏之分，每一种情绪都有其健康的职能，当所有情绪协同工作时，我们就能在不同情境中更好地应对。有时我们可能难以理解某些情绪，特别是那些令人不快的情绪究竟有什么用，但实际上，如果它们没有为人类履行基本职能，它们就不会存在。接下来，我们来看看有哪些不同类型的情绪和更为复杂的感受，以及它们的主要职责。

恐惧的作用

恐惧能够保护我们。得益于恐惧，身体能够在面临危险时做出反应。恐惧反应是自动的，它让我们保持安全，使我们在停下来思考之前就能逃离威胁。当恐惧与我们面前的情况相匹配时，它是一份重要的资源。

恐惧在某些情况下会成为问题，比如它无时无刻不在，对任何事情都反应过度。有时候这是因为我们真的“被吓到了”，而且如果我们逃不掉面对的情况，就没办法释放那种恐惧的感觉。通常，当我们被吓到，等危险过去之后，我们可能会颤抖或者哭泣，感觉有点虚脱，这是我们的身体在“释放”恐惧，然后我们就可以进入到另一种情绪状态了。但在没有解决办法的情况下，这种释放就做不到，恐惧反应就会一直卡在那里，一旦遇到类似的情况就会再次被触发。恐惧还可能变成一种长期的警戒状态，让我们始终处于高度紧张之中，没法放松，也没法休息。

愤怒的作用

愤怒这种情绪的名声不太好，但其实它和我们的求生本能有很大关系。它和恐惧一样，是我们遇到威胁时首先会本能产生的主动防御反应。如果对手比我们强大，身体会自动阻止这种反应。就像狗可能会和猫打斗，但遇到狮子就会逃跑。愤怒本来是一种向外的、对抗威胁的情绪，但如果它被压抑在心里，就会造成各种问题。

很多时候，这种被压抑的愤怒还会被我们自己否定。比如，如果我们和特别暴力或挑剔的人一起生活，我们经常看到他们失控的愤怒和不加控制的行为，而这些行为的后果却由我们或者我们关心的人来承担，我们就会觉得愤怒本身是不好的，我们心里想的是“我不想变成那样”“我不想有这种感觉”。这种我们没有健康表达出来的愤怒，反过来会伤害我们自己，变成自责或者自我否定。如果我们从不表达愤怒，我们就会变得更加脆弱，无法拒绝别人的要求，无法说出我们真正的需要，这就加剧了我们的不适感。

情感的作用

情感比基本情绪要复杂。人类天生就倾向于与他人建立情感联系，但如果我们最初的依恋关系有问题，比如充满忧虑或疏远、缺失，那么去爱别人可能会让我们感觉危险或者不安。我们可能会避免与人建立联系，或者会在关系变得太紧密时感到不适。我们可能总觉得与他人的联系是令人焦虑和痛苦的，或者会认为自己不需要爱或感情。

正如之前提到的，有时候感受到那些“正面”的情绪可能比感受到“负面”的情绪更难。这取决于我们小时候是否经历过与照顾者相处的快乐时光，比如一起玩耍、大笑。这些时刻是我们后来能否感受到与爱和快乐相关的情感的基础。如果在童年时期缺少这些情感，成年后我们可能会极度渴求它们，从而对我们当前的关系提出超出合理范围的要求。这些不合理的要求是为了弥补儿时缺失的一切。这会导致关系中出现不适当的反应和许多问题。

悲伤的作用

人类天生就是群居动物，我们生活在群体中，通过各种关系网相互联系。孩子们需要依赖照顾他们的人很多年，因此早期建立的联系对于健康成长至关重要。这种联系还因为我们对失去自己所爱的人或事物时所感受到的情感（悲伤）而变得更加紧密。如果在失去人或事物时不感到悲伤，我们就不会倾向于去珍惜和依恋人或事物，就像不感到饥饿就不会去寻找食物一样。悲伤，尽管有时候很痛苦,但对于个人和群体的运作及生存都非常重要。换言之，它就像一种“关系黏合剂”。

如果让这种情绪自然流露并与其他情绪融合，就像所有情绪一样，是会自我调节的。悲伤就像一条河流，没有人引导也知道如何流向大海。但如果人类进行干预，建造堤坝和河渠，就会增加因雨水导致水流溢出并在沿途造成破坏的可能性。关闭大坝的水闸以防止洪水泛滥是没用的，这只会使情况更加复杂，因为积水越来越多，当大坝最终溃坝时，后果将更具破坏性。当感到悲伤，同时又因为感到悲伤而愤怒时，如果不允许它流露出来，我们便会将其推回内心。而不允许释放的东西，就会留在体内。我们可能没有意识到，压抑情绪总是会让自己付出代价的。

快乐的作用

快乐是一种能量，它和我们的期待、想要做事的愿望有关。

拥有美好的时刻对我们的情绪是一种滋养，就像食物一样不可或缺。尽管快乐显然是正面的情绪，但并不是每个人都能很好地体验这种情绪。有时,“好事之后往往会有坏事发生”的想法,或者“我不配幸福”的念头，会像幽灵一样笼罩在我们的快乐时刻上，让这些时刻变得不那么愉快，甚至产生不适。

有些人认为他们的时间只能用于做有用的事情或者照顾他人。对于那些没有明确目的，或者只是单纯让自己感到快乐的事情，他们不允许自己去做，因为这样做会让他们感到内疚或不舒服。再次强调，我们的求生系统常常是专注于把任务做到完美，以此来感到控制，或者试图平息（通常不成功）周围人对我们的苛刻要求，或者在缺乏他人照顾的情况下，专注于照顾他人。正如我们所说的，我们很难放弃那些固有的模式。

内疚感的作用

内疚感更像是一种感觉而非基本情绪，和之前提到的所有情绪元素一样，它也有其健康的功用。健康的内疚感也被称为责任感,它使我们投身学习并能纠正自己的错误。为了让它正常运作，我们需要确保内疚感与情境相匹配。如果积累了过多的内疚感，我们就会过度自责，即使在责任更多地属于他人的情况下也会如此。当这种情况发生时，我们不是从自己的错误中学习，而是会陷入停滞甚至沉沦。

很多时候，当我们为过去的事情自责时，我们并没有做到客观公正。我们没有考虑到在当时我们所知道的一切、我们可以选择的选项、我们的情绪状态、我们的年龄……我们告诉自己，“如果现在再让我经历那些，我会做出完全不同的选择”，但事实上我们现在拥有的视角和信息是当时所没有的。

在那个时候，我们无法预见未来，我们只知道自己所知道的，我们就是当时的我们。我们尽己所能，用我们所掌握的一切做出了选择。一个公正的判断应该考虑到这些因素。同时，我们还必须意识到，只要时间机器还没发明出来，不管多么想回到过去，我们都无法改变事情的实际发生方式。健康的内疚感不会在伤口上撒盐，它只是从经验和错误中学习，以改进未来的决策。

学会与内疚感和谐相处至关重要，否则我们无法恰当地评估和应对生活中的各种情境。如果无法接受并妥善处理内疚感，我们可能会陷入两种不良的极端状态：一是对任何事都感到过分的自责；二是在应当承担责任时回避责任。

羞愧感的作用

羞愧感是一种情绪，它让我们的行为与所属群体保持一致。当做了一些我们认为不合适或可能遭到他人指责的事情时，我们会感到羞愧。如果我们没有任何羞愧感，我们的行为就会变得不恰当，我们也不会考虑自己的行为对他人可能产生的影响。如果我们能够妥善地处理这种情绪，就不会试图逃避它。

当我们尽管感到羞愧，但仍然敢于去做某件事时，这种感觉会逐渐减弱，直至消失。在这方面，它与恐惧和焦虑相似，这些情绪在面对新情况时更加强烈，以激活我们的身体、注意力，并提高我们的反应能力，而当活动变得重复和熟悉时，它们就会减少。

羞愧感的出现，是为了让我们的新行为能够融入我们所处的社会环境。问题在于，如果我们因为感到羞愧而焦虑，或者总想着要避开它，那么羞愧感就会越积越多，变得越来越强烈，最后可能会阻碍我们正常的生活和工作。

担忧的作用

担忧可以帮助人们预见未来可能发生的事情和可能遇到的问题，这样我们就不会措手不及，并能够准备好一个应对计划。我们可以设想多种可能的情境，并为每一个情境想象解决方案。到目前为止，这种做法是有益的。问题出现在我们只设想最不利的情况，我们错误地认为自己能够预知未来（通常是非常悲观的未来），并确信那就是将要发生的事情。

有时，我们的大脑不是集中精力寻找解决方案，而是想当然地认为不会有任何解决方案。在这种情况下，担忧不再帮助我们做好准备，而只是产生焦虑。如果最坏的情况真的发生了，我们对情况的所有反复思考会使自己充满焦虑并且完全无法应对。我们对无法应对的偏见，还会使我们感到无助（这种感觉我们可能在以往的经历中体验过）。此时，担忧不再帮助我们，反而升级成为一个问题。

此外，我们还经常会担心一些不太可能发生的事情，这种担心是不必要的，它只会造成额外的痛苦。当担心的事情没有发生，我们往往不会反思自己的错误预测，也不会意识到自己对未来的悲观预期通常是错误的。相反，我们可能会继续重复这种行为，再次坚信不好的事情会发生。但事实上，强烈的信念并不总是正确的，有时正是因为过于坚信，我们的看法才可能出错。换句话说，我们对未来的悲观预测往往不会成真，而我们却常常因为这些预测而感到不必要的焦虑和担忧。

适度的担忧是一种理智的体现，我们不应放弃这种能力。如果我们盲目乐观，认为所有事情都会自然而然地顺利进行，那么我们就不会事先准备好应对突发状况的计划，而只能事到临头时匆忙应对。此外，如果我们未能预见到可能的困难，那么当困难真正出现时，我们可能会因为缺乏准备而难以有效应对。因此，保持一定程度的担忧，能够帮助我们提前思考可能的问题并制定解决方案，这是一种非常宝贵的资源。

情绪并非坏事，正确解读和处理很重要

正如前文所述，每种情绪都有其健康的功用，但我们并不总是这样认为。这会影响我们的情绪调节，因为情绪调节的过程与我们对情绪的反应方式有很大关系。我们不能决定我们所感受到的（尽管有时我们试图这样做），但我们确实可以改变我们在情绪出现时所做的事情。下面将详细探讨这个话题：

1. 情绪是我们理解世界和自身的传感器

如果倾听情绪，我们会做出更好的决策。为此，我们需要学会与情绪和感觉建立联系，花时间感受它们。我们需要恢复倾听自己的能力。

有一个简单的练习可以帮助我们做到这一点：先用计时器设定一分钟，在这一分钟里，我们什么都不做，只是观察自己的情绪和身体的感觉。大多数人虽然情绪起伏很大，但很少会停下来认真观察自己。一开始，你可能会感觉这一分钟特别长。有时候甚至可能觉得自己什么感觉都没有，这时候试着把注意力转移到身体上，注意你的呼吸是快还是慢，是深还是浅，你身体的哪个部分感到紧张，哪个部分感到放松，你身体的哪个地方感觉热，哪个地方感觉冷，你的身体姿势是怎样的，等等。

一开始最好选择在你比较平静的时候做这个练习，这样你的感觉会更容易控制。随着时间的推移，你也可以尝试在情绪波动更大的时候做这个练习。

2. 情绪就像是我们内心的小信使，告诉我们需要什么，以及为了满足这些需求我们需要做什么

情绪不只是我们对事物感受的被动反应，它们其实是在鼓励我们采取行动。比如，愤怒可能会激励我们去争取某些东西，悲伤可能会促使我们去寻求慰藉，内疚可能会驱使我们去改善自己的行为。如果我们只是沉浸在情绪中，而不采取行动去满足需求，那么这些情绪可能会一直困扰我们，大声疾呼我们有未被满足的需求，而我们却可能试图用各种方式去忽视、逃避或压抑这些感受。

重要的是，我们至少需要意识到情绪在向我们传达什么，以及我们需要做什么来满足这些需求。有时候，我们可能会陷入一些奇怪的矛盾中，比如我们感到非常孤独，但与其去寻找陪伴（这正是情绪想要我们做的），我们反而可能会选择独自一人，这反而会让我们的孤独感更加强烈。

3. 情绪就像河流一样，是流动的

我们可以暂时把情绪控制住，但不可能永远控制。情绪控制有点像是今天填饱了肚子，但明天又会饿。很多人觉得自己处理不了自己的情绪，于是花费很多精力去试图控制它们。但这种方法最终会失效，比如当我们遇到一些超出我们控制范围的事情时，或者当许多事情同时发生，或者随着时间的积累，问题逐渐增多时。如果我们只有“控制”这一种应对情绪的方法，那么一旦遇到控制不了的事情，我们就会束手无策。重新学会让情绪自然流露，同时学会适当地调节和控制它们，可能需要一段时间，但这是非常值得的。

4. 情绪就像是不同颜色的涂料，它们可以混在一起

如果我们试图压抑或控制情绪，可能就会阻止它们自然混合。有时候，我们能很清楚地感受到一种情绪，而这种情绪是会变化的。比如先是同情一个人，然后突然变成讨厌他，或者从感到悲伤变成生气。如果我们让情绪自然表达，它们就会像画家调色盘上的颜色一样，混合在一起，形成一幅画，这幅画能反映出我们对某件事情的内心感受。

我们可以决定怎么画，但是画上的颜色得自然形成，因为我们的情绪是受真实情况影响的，比如白天亮、夜晚暗，还得看我们手头有什么颜色的颜料。情绪混合着出现时，我们能更好地处理事情。比如，我们可能会对爱的人生气，但是当向他解释为什么生气时，我们记得是在和爱的人说话，所以我们会注意用词，不会伤害到他。或者我们难过时，可以依靠一个亲近的人，没有什么比一个拥抱更能安慰难过的心了。

但是，很多经历过人际关系伤害的人，很难做到这些。他们从不对爱的人发火，结果就是不好的情况会拖很久，这样会严重破坏关系。他们也常常很难分享自己的悲伤、寻求帮助和接受安慰。他们总是担心所有的关系都会像以前经历过的那样糟糕，所以他们错过了很多可以帮助自己调整情绪的机会。

5. 我们心里想的是什么很重要，我们怎么对待这些想法也很重要

内心的对话可以影响情绪，就像是调节收音机音量的旋钮一样。我们可以选择让自己的感受被放大，变得更加强烈，也可以选择让它们变得容易处理。比如，经常告诉自己“我受不了这个感觉”，这样做会让自己的感受变得更加强烈，几乎无法忍受。

就像是一边爬楼梯一边不停地说“我太累了，我受不了，楼梯太高了，我肯定爬不上去……”，这样爬楼梯就变成了一种折磨。但如果把注意力放在楼梯顶部，不去想爬楼梯有多累，虽然还是会累，但感觉就好多了。意识到内心的对话，并学会改变它，是调节情绪的一个非常强大的工具。

6. 我们需要接受自己可以有各种感受

有时候，我们可能会因为各种原因而批评自己的情绪反应。比如，如果家里有个人脾气特别差，我们可能就会努力不让自己发火，好像这样就能缓解紧张气氛。但这样做会导致两个问题：一是我们的怒气可能会积压起来，然后在某个时候突然爆发，因为我们没有学会怎么控制它，这样我们就更容易重复自己最不喜欢的行为模式；二是我们可能会把怒气吞下去，让它反过来伤害自己，最终对自己说出和那个坏脾气的人一样的话。

所有的情绪都有其存在的理由，它们会在适当的时候出现。我们真正能做的，就是让自己去体验这些情绪，学会以自己的方式去感受和表达它们，而不是固守那些我们不喜欢的老规矩。

这不仅仅是对愤怒而言，对其他情绪也一样。比如，我们可能不允许自己感到悲伤，因为觉得这样会显得自己很脆弱，会失去那种一直支撑自己的力量。我们也可能会认为表现出脆弱是危险的，因为小时候我们在脆弱的时候受过伤，所以我们的大脑就会把脆弱和受伤联系起来。

很多在人际关系中受过伤的人，为了避免再次受伤，就不允许自己再去爱别人，或者为了避免失望而不再去抱有希望。如果我们试图强制规定自己能感受什么，不能感受什么，这是没有用的。我们的神经系统是按照一定的规则运作的，我们不能强迫它按我们的想法来，我们必须按照它的规则来。否则，身体就会反抗我们的“情绪命令”。

7. 情绪本身不会相互竞争或冲突

如果我们在内心中对某些情绪进行抑制或否定，就像是人为地制造了一场情绪的斗争，这会阻碍我们正常处理情绪的能力。我们之前说过，情绪可以混合在一起，但这并不意味着它们会相互冲突。我们可以同时感受到矛盾的情绪，因为这个世界本身就是充满矛盾的，这种情绪的混合可以帮助我们更好地理解情况的复杂性。问题在于能否正确处理它们，比如我们可能会因为感到悲伤而愤怒，愤怒会阻止悲伤的情绪流动，悲伤就会卡在那里，不会消失。不管我们哭得多么厉害，那都不会是一次真正释放情绪的哭泣，我们只会感到更多的痛苦，而不是解脱。

另一个例子是，我们可能会害怕感到悲伤，因为过去我们曾经非常沮丧，害怕再次陷入那种状态，或者因为小时候身边有抑郁的人，让我们对悲伤的情绪特别敏感。

无论怎样，恐惧都会阻碍我们处理悲伤，这样悲伤就会一直留在心里。每当悲伤的情绪出现，我们就会选择逃避。那些没有被释放的情绪，就会一直跟着我们。这样，过去就会一直影响我们的现在，影响我们的决定，让我们不自觉地重复那些我们最不喜欢的经历。

第 3 章

探索迷雾中的记忆

如果不了解过去的经历，就会不停地犯同样的错误，
遭受同样的损失，一遍又一遍地做无用的事。

——亚历山大·索尔仁尼琴（Aleksandr Solzhenitsyn），
俄罗斯作家

我们经历事情时会带着各种各样的情绪，有时候情绪很强烈，有时候又没那么强烈。一旦从那个情境中走出来，之前的情绪就会慢慢消失，我们会开始感受到新情境带来的新情绪。很多经历过的情绪，大脑会认为它们不重要，把它们像垃圾一样扔掉。但是，有些情绪会被大脑保存起来，放进记忆库中。这样，我们就慢慢积累了一个记录重要经历的清单，这个清单会影响我们以后的行为。当遇到新情况时，我们会去这个清单里找可以参考的经验。不管过去经历的是好事还是坏事，所有这些经历加在一起，就是我们从生活中学到的东西。

有些事情比我们日常遇到的要严重得多，可能是因为它们对我们的冲击特别大，或者发生在我们比较脆弱的时候，或者是牵扯到了对我们很重要的人，再或者这些事情对我们有特别的意义。那些对我们的生命、身体或者自我认知造成威胁的事情，那些彻底改变了我们对自己和世界看法的事情，可能会超出我们神经系统处理的能力。可能这个事情结束了，过了一段时间我们感觉好多了，但那段记忆并没有被我们好好地整理和存放起来，它还没有完全成为我们的一部分。

压抑是对自己的情绪暴力

如果这个事情对我们的影响更加深远（这不仅仅是因为这个事件本身的性质，还因为我们怎么看待这个事情），那么我们内心的阻碍就会更大。如果我们平时处理情绪的方式不够成熟，这可能会影响我们对记忆的处理和存放。比如，如果总是避免面对某些情绪，当这些情绪在某个经历中被触发时，我们可能会继续选择逃避。如果通常的做法是压制自己的感受，不让自己表现出真实的情绪，那么当这些情绪变得太强烈、太难以承受时，我们更倾向于继续选择把它们压下去。这些我们不愿意面对或者试图压制的记忆并没有消失，但它们也没有被我们真正吸收和整合。它们会以一种特殊的形式存在，保留着一些最初的想法、情绪和感觉。

逃避或压抑情绪的倾向可能在事情结束后很长时间内仍然影响着我们的记忆。我们试图不去想它，或者把它抛到脑后，这样我们可以继续生活。我们把这件事从脑海中赶走，专注于现在正在做的事情。但是，一旦遇到类似的情况或者有些东西触发了那些感觉，那些和这个记忆相关的情绪和感觉就会重新回来干扰我们。我们可能会继续使用习惯的方式去处理这些情绪，比如把它们排除在外或者把它们压下去。但这些处理情绪的方法（逃避和压抑）并不是非常有效，它们可能会让我们出现各种心理问题。

当遇到特别糟糕、难以应对的情况时，我们的神经系统可能就会承受不了，就像电路过载一样，大脑处理事情的能力也会超出极限。这种情况可能会以多种方式表现出来。比如，我们可能会感觉自己像是在看一个旁观者，好像那些事发生在别人身上一样，甚至可能会感觉自己好像从外面看着自己；可能会突然觉得身体上或情感上的痛苦消失了；可能会感到麻木、头晕、浑身无力，甚至可能会昏倒；对正在发生的事情的完全意识可能会变成一种像是在自动驾驶的状态；可能会觉得自己动弹不得、完全瘫痪或迷失方向。

我们如何吸收和理解一个经历，也跟其他涉及的人有关。我们年纪越小，别人对我们的影响就越大，但即使是成年人，在面对特别严重的情况时也需要别人的支持。别人可以在我们面对困难时给予巨大的帮助，不仅仅是在事情发生的时候，还包括事后给予支持，或者当我们和他们谈论发生了什么以及分享自己的感受时。但是，别人也可能让事情变得更糟，给我们带来难以承受的感受。请记住，对人类来说，来自同类的伤害是最痛的。如果这种伤害来自我们本应该信任的人，那么对我们的影响将是最大的。如果这种事情发生在小时候，当我们完全依赖那些人的时候，影响更是不可估量的。

还有一个影响我们对事情反应的因素，就是我们过去的经历。比如，如果我们小时候失去过重要的人，那么长大后再遇到类似的失去，可能会对我们打击更大，尤其是如果小时候的那段经历我们还没完全消化。如果不顺心的事情一再发生，可能会让我们变得更加敏感，对后来的事情反应更强烈。

这些记忆之间不需要完全一样，只要有一些共同点，能唤起类似的感觉就行。我们的大脑在遇到新情况时，会去我们的记忆库中寻找线索，如果最明显的线索是一个我们一直回避的不愉快记忆，那么我们现在很可能也会选择回避。

当经历了一些我们的大脑处理不了的事情时，这些事情带给我们的感觉并不会随着时间慢慢消失。这和那些我们能够好好消化、完全吸收的记忆不一样，这些记忆的某些部分在我们的脑子里还很活跃。我们可能会尽量不去想它们，但它们一直在那里。

如果我们在那些事情发生的时候感到自己和外界脱节了，大脑一片空白，身体不能动弹或者感觉整个人都很遥远，那么当我们回想起这些事的时候，可能会有类似的感受。我们的大脑学会了把这种情况和它引起的反应联系起来，所以当我们后来试图回忆这些事，或者有什么东西让我们想起来的时候，那种反应就又会出现。如果这种情况持续了很长时间，或者发生过很多次，那么这种反应就会变得越来越强烈。

那些隐性创伤，身体都知道

这种记忆的阻碍，或者说和现实脱节的感觉，不仅在我们试图回想过去的事情时会出现，当日常生活中的某些东西触发了这些记忆的时候也会发生。我们可能会发现自己有些记忆想不起来了，或者有时候会突然感到自己好像从外面看自己一样，感到自己的情绪很遥远，或者突然觉得周围的一切都很奇怪、很不熟悉。

可能是一些我们自己都没注意到的小事，在不知不觉中触发了我们对过去某些事情的回忆，然后我们对这些事情的反应就自动出现了。但我们感到自己和现实世界的距离是如此之大，以至于我们看不到眼前发生的事情、过去的记忆和我们现在的反应之间的联系，我们不明白为什么自己会有这样的感觉。

有时候，这些感觉可能会更加隐蔽。我们可能自己都没有意识到，但对一些平常的事情反应却大得离谱，或者完全说不通。比如，如果我们刚刚经历了一场车祸，然后到了办公室，突然有人砰的一声关上门，我们可能会吓得跳起来。我们会明白，自己还在为刚才的事情感到紧张。那种恐惧感好像真的钻进了身体里，我们的警觉还没放松。但这种恐惧感可能会持续很久，甚至过了好几年又突然冒出来，到那时，我们就很难把现在的反应和当初被我们压抑的那个记忆联系起来了。

如果这种记忆阻塞很严重，而且没有得到适当的处理，那么我们可能就会永远失去对那些记忆的访问权。我们可能自己都没有意识到这些，于是在回顾过去的时候，可能觉得一切都过去了，没什么大不了的。我们可能以为自己已经把那些事情抛在脑后了，它们不再影响我们。这种情况如果发生得很早，持续了很长时间，或者牵扯到了很多亲近的人，那么我们的记忆中就可能会有很大的空白。

随着时间的推移，记忆可能会变得越来越模糊。如果我们回望童年或者生命中的某个特定时期，那些记忆可能会变得就像远处的景色一样朦胧。我们可能就像一个旁观者，知道发生了什么，但似乎没有任何感觉。那些记忆似乎没有激起任何情绪。我们可能会对这些记忆感到抗拒，不想去深入思考那些阶段，就好像那是一件复杂、麻烦或者令人烦恼的事。如果我们什么都记不起来，或者我们的记忆不完整，很难触及，那么我们理解自己或者明白自己在这个世界中的位置就会变得很难。因此，我们可能会盲目地做决定，或者至少是在一个非常有限的视野内做决定。

那些未经处理的往事不仅继续影响着我们，而且会以一种非常强大的方式干扰我们现在的生活。我们对所发生的事情和它的重要性越没有意识，它的影响就越大。我们可能会感到一种离心力，把我们从它们那里推开，但同时又有一种奇怪的吸引力在吸引我们。

我们可能会告诉自己，过去的已经过去了，不值得去想，不重要了，或者需要放下，但它对我们当前生活的影响仍然是巨大的。我们越试图避开它们，就越会发现那些感觉、障碍，甚至是记忆本身，会在不经意间突然袭来。如果“迷雾”很浓，我们可能完全不知道那些突然闯入脑海的事情是从哪里来的。或者即使知道，我们可能会对自己说“这不可能发生过，这是我想象出来的”，或者简单地一次又一次地把它们推到一边，因为我们不想去面对那些事情。

那些我们一直没能好好处理的记忆，对我们有种特别的吸引力，这和我们害怕再次面对它们的感觉是一样的。我们好像陷入了一个没完没了的循环，越是想往前走，就越觉得一切都在重复老路。这就像是我们被一根橡皮筋拽着，越是想往前走，橡皮筋就拽得越紧，把我们往回拉。有时候，我们能把这些事情藏在心里，直到生活中的某些事突然把它们重新唤醒，让我们感觉好像又回到了当初那个场景。

这些触发我们记忆的当下的事情，看起来可能完全不合理，和过去的情况完全不同，但却让我们有了和当年一样的感觉，比如觉得无助、动弹不得、无能为力等。因为这些情况看起来和过去不一样，我们很难把它们联系起来。还有的时候，当我们的孩子长到了我们曾经经历过某个重大事件的年龄，或者在我们成年后的亲密关系中发生了和我们小时候的故事有关联的事情，那些尘封的记忆就可能会突然爆发。

很多在不幸福的家庭里长大的人，会努力让自己远离那个环境，独立生活，有时候甚至会搬到别的城市或国家。我们可能过了好几年看起来一切都很好的日子，有工作，有自己的家庭。但有时候一些看似偶然的情况会发生，比如突然失业了，或者家庭关系破裂了，会导致我们不得不回到我们长大的那个家，那个我们本来决心再也不回去的地方。

即使我们不去想那些过去的事情，我们和那些未解决的过去之间的联系也不会就这样断掉。我们只是装作它们不存在。有时候，我们的大脑在这方面特别擅长，让我们什么都不记得了，或者把某些事情忘得一干二净，好像它们从来没发生过一样。但总有一天，那些过去的事情会重新找上门来。那些记忆想被归档到我们的记忆库中，它们会悄悄溜进我们的思维、感觉或梦境里，因为它们存储的方式并不稳定。

有时候，过去的事情会冷不丁地冒出来打扰我们，这不仅仅是当碰到和过去有关的事情时才会发生，甚至有时候在我们一切都很顺利，按理说不应该想起过去的时候，过去的记忆却突然涌上心头。虽然这听起来好像有点没道理，但实际上是有道理的。当遇到难题的时候，我们不能总是停下来感受自己的情绪，至少不能一直这么做。我们的注意力和精力必须集中在解决问题上。

如果这种情况持续很长时间，我们的大脑就必须长时间保持这种高度紧张的状态。一旦问题解决了，如果我们没有被卡住，大脑就会自然而然地换一种方式来运作。

我们可以让自己放松下来，然后我们就会更加清楚地意识到之前到底有多焦虑，或者有多累，这通常比我们还处在困境时的感受要更加明显。但是，如果我们长时间处在困难的环境中，大脑可能不知道如何回到正常状态，有时候它还是会保持那种高度警觉的状态，认为威胁只是刚刚过去。所以即使在我们状态最好的时候，过去的记忆也可能会突然冒出来，让我们感到困惑："我为什么会突然想到这些？"当一切都在好转，我们却突然感觉很不好，我们会问自己："为什么偏偏是现在？"这是因为我们的身体很聪明，它知道现在我们有时间和精力去处理伤痛。不再需要像以前那样把事情都压在心里了，那些过去的事情开始浮出水面。

回顾过去，重拾记忆碎片

如果我们现在意识到了这一点，并花时间去回顾过去，理解我们的过往，很多事情就能重新理顺。重要的是要客观地看待自己，不要责怪自己，寻找必要的帮助，专注于更深入、更全面地了解自己。

当我们对某些事情没有记忆，或者在日常生活中感到有些不对劲，比如记忆有断片，感觉和现实世界隔得很远，又或者有些其他的小症状时，花时间去弄清楚到底发生了什么，这是很重要的。我们常常会自问:“为什么我会遇到这种事?”但这个问题并不表示真的想要深入了解自己的情况，而只是我们在困扰中自我折磨，想要赶紧摆脱这些麻烦。要想更好地了解自己，关键是要找出引起这些问题的原因。我们需要问自己一个重要的问题:“在我开始感到不舒服、感觉脱节或奇怪之前，发生了什么事情?”

我们要找的并不是什么重大的事件、问题或冲突。可能引起这些问题的原因看起来很不起眼，在搞清楚整个情况之前，它们看起来好像没什么意义。比如，我们可能会发现，如果我们做了一个让人不舒服的梦，早上醒来后，就会感到和现实世界隔得很远，但我们并不清楚这个梦到底意味着什么。或者，当我们看某些很喜欢但同时也让我们心绪难平的电影时，也可能会有这样的感觉。又或者，可能并没有发生什么事情，而是期待的某件事情没有发生，比如伴侣没有给我们打电话，或者妈妈没有像我们期待的那样关心我们。这些都是很正常的情况，我们告诉自己这些事情不应该影响我们，但实际上它们可能真的对我们有影响。识别出这些引起我们不适的原因，无论是来自外界的还是内心的，是理解我们身上到底发生了什么的一种方法。

这并不是说我们需要变成自己过往经历的侦探，去费力地挖掘大脑深处那些模糊的记忆。我们要相信，如果大脑不让某些记忆浮现，那可能是因为它知道我们还没准备好面对那些记忆带来的感受。虽然成年人完全有能力面对任何艰难的往事——不管有多痛苦，但得一步一步来。人类历史上充满了人们克服困难的故事。但如果我们长期感到自己和现实世界隔得很远，可能一开始并不会意识到重新找回那些记忆意味着什么。找回记忆这件事很重要，但也很微妙，需要我们谨慎地、慢慢地去做。

我们的目标之一可能是想起那些记忆模糊的地方，或者那些我们目前记忆里感觉还不错的地方，但这不应该是首要目标。最重要的目标是，我们要学会更健康地生活，学会快乐，学会更好地和别人相处。要实现这些目标，我们需要直面过去，尤其是如果过去发生了一些复杂的事情，我们需要意识到自己的生活到底是怎样的，这样才能重新理解我们的问题。但如果我们一头扎进那些问题中，可能会给自己带来很多不必要的痛苦，就像再次经历那些事情一样，但我们现在还没有能力解决它们。在深入挖掘过去之前，还有很多其他事情需要我们先去做，比如学会如何照顾自己，学会如何控制自己的情绪，了解自己对不同事情的反应。改变那些给自己带来麻烦的行为模式，这会让我们感到更稳定、更有安全感。

通常，随着我们逐渐做出改变，很多记忆会自然地浮现出来。如果是这样，一切会发展得更自然，我们会有足够的时间把所有碎片拼凑起来，理解它们的含义。在我们还没有消化一部分记忆之前，去追寻另一部分记忆是没有意义的。如果一切都在适当的时间到来，我们就不会感到不堪重负。与这些记忆相关的情绪和感觉可能会像最初产生时一样强烈，而且可能会比我们最初预期的更加生动。这些记忆包含了一些长时间被包裹或隔离的内容，我们逐渐地接触到它们是好事。

此外，在开始探索自己的过往之前，我们需要有一些信息来帮助我们理解这些过往。我们需要了解很多关于思维、情绪和人际关系如何运作的知识。重要的是，我们要意识到自己的困难，并对能如何切实改变它们有一个现实的看法：一方面，学会接受自己现在的样子是至关重要的；另一方面，必须愿意在我们行事的方式上做出深刻的改变，尤其是在如何照顾自己和与他人建立关系的方式上。要想在面对记忆时不会感到不知所措，并能够帮助自己吸收随之而来的一切，很多事情都需要事先安排好。这样，回顾过往的工作就会变得更加简单和顺畅。

我们可能会想，既然已经做出了所有这些改变，就没有必要再去挖掘过去了，但如果我们想要一个稳定而坚实的改善，重要的一点是我们的生活中应该没有任何一个领域是不能正视的。一旦能做到这一点，任何经历，无论当时有多么艰难，都将不再决定我们现在是谁，以及我们未来的生活会怎样。

问题不在于回头看看是否值得，而在于找到合适的时机和节奏。我们需要找到一个平衡点，既不因为恐惧而止步不前，也不强迫自己去做还没准备好的事情。这样，我们就能学到一些非常宝贵的东西：照顾自己，尊重自己。

第 4 章

勇敢面对内心的不适

不知道是怎么系的结，

就没法解开它。

—— 亚里士多德（Aristotle），

古希腊哲学家

很多时候，我们觉得难受，但不明白为什么会这样，这一切是怎么开始的，或者为什么它会发生在我们身上。不舒服的感觉像洪水一样把我们淹没，我们不知道该怎么摆脱它。我们说不清自己当下是哪一种情绪，种种感受混在一起，让人分不清楚。我们的情绪老是变来变去，就像坐在过山车上，不知道什么时候会上去，什么时候会下来，整个过程又会有多快。情绪状态就像时好时坏、变化无常的天气，我们只能任由它摆布。

有时候，我们并不真的明白自己起伏不定的心情和周围环境之间有什么联系。是什么触发了我们的不适？这一切是怎么开始的？是什么情况让它持续不断？我们到底感受到了什么？

情绪是内心的感应器，但要让它们发挥作用，就得停下来倾听它们。但很多时候，我们并没有真的停下来，好好反思一下在自己身上发生了什么。我们可能会一遍又一遍地想自己有多难受，然后告诉自己没有理由这么难受。这样的自我对话并不能让我们感觉好起来，反而让我们感觉更糟，自己还是什么都不懂，只是更加难受，然后开始生自己的气，怪自己为什么会有这样的情绪。我们可能会自问：“我为什么会这样？”但这不是出于真正想了解问题原因的好奇心，而是在责怪自己有问题。

可能因为内心感受让人太不舒服了，我们根本不想停下来去注意它们，也不想去理解它们。我们可能会尝试控制自己的感受和想法，或者做一些能让自己转移注意力的事情，比如吃药，不停地忙碌，寻找一些强烈的情感体验来让自己不去想别的，甚至伤害自己……所有这些都是为了避免去面对自己的内心，去意识到自己真正的感受。但正如前面所说，如果我们不理解某件事，就没法改变它。

要想更清楚地知道为什么我们会有这样的感觉，很重要的一点是要停下来，好好想想这种感觉到底包含了哪些东西，都有哪些细节。当然了，光是看到问题的各个方面，并不能让问题自己消失，但这是找到真正有效解决办法的第一步。通常，我们感觉不舒服，并不是没有原因的。就像之前说的，有些事情会触发我们的情绪反应，这种反应会在不知不觉中勾起我们过去没有解决的记忆，然后引发一连串的情绪反应，就像多米诺骨牌效应一样。很多时候，我们只在最后感到不舒服时才意识到，那时候情绪的连锁反应已经发生了。

如果对自己过去的记忆感到非常模糊，如果不清楚哪些过去的经历影响了自己，以及这些影响现在还有没有必要，我们就少了一个关键的线索去理解自己为什么会有这样的反应。有趣的是，如果总是不由自主地回想起过去，被过去的事情淹没，我们就像是离得太近来看待这些事情，反而看不清楚全貌。我们首先不需要把自己完全沉浸在过去的回忆中（稍后会介绍，有计划地这样做会更好）。

要理解现在和过去之间的联系，我们只需要意识到不同经历之间的联系。当现在发生某件事时，我们的大脑会自动去搜索过去的经历，看看哪些经历可以作为参考，告诉自己现在应该怎么做。如果这些过去的记忆并没有完全被消化（不管我们有没有意识到），我们现在的感受就会和过去的经历混在一起，哪怕我们并没有刻意去回想那些情况。所以，我们可能会注意到一些自己觉得和现在发生的事情不相称的反应，但如果从我们整个人生的角度来看，这些反应的出现其实是有道理的。

逃避，最终只会害了自己

如果不去回顾过去，我们就无法了解现在问题的根本原因；如果不去观察自己的内心，我们就无法更全面地理解问题；如果总是避开自己的情绪，不愿意去感受它们，或者总是和它们作斗争，我们就失去了理解自己情绪的钥匙。这并不总是因为我们故意要这样，有时我们对情绪知之甚少，可能是因为我们在一个不太谈论情绪的家庭中长大，或者随着时间的推移，我们无意中变得不再那么关注自己的情绪。

我们需要学会识别构成自己不适感的各种因素以及自己感觉的细微差别。重要的是，我们要停下来，好好观察自己的情绪，不要逃避它们，也不要因为自己有这些感觉而责怪自己。同样重要的是，我们要能够不完全沉浸在自己的内在感受中，而是以一定的距离看待它们。如果不能给不适感命名，识别出这些不同元素是如何一环扣一环的，并对此进行反思，我们就无法阻止不适感的蔓延。

一旦弄清楚了是什么让自己不舒服，是什么情绪反应让自己感觉不好，我们就可以开始做些改变了。有时候，这些反应就像是自动发生的，我们就像是被情绪牵着走的木偶，觉得自己扭转不了这种状况。但其实我们可以从被动变主动，从“自动驾驶”切换到“手动控制”，这样我们就能掌控局面了。虽然学会控制自己的情绪可能需要时间，但我们可以从做一些不同的事情开始。如果我们想改掉那些自己不喜欢的、总是重复出现的坏毛病，那么不管自己用的方法对不对，去尝试做一些不同的事就是一种进步。

通过观察自己的情绪反应，可以发现一个有趣的现象：我们对最初那种不适感的反应，以及随后产生的感觉，往往会让最初的那种感觉变得更糟。比如，如果小时候得到的关爱不够，我们内心可能有一种深深的孤独感。别人不给我们打电话，或者不理解我们，就可能会触发这种孤独感，让我们对整个世界都感到愤怒，然后我们可能会想：“我还是一个人待着比较好。”此时的我们没有停下来认真感受一下自己的情绪，也没意识到，这样把自己隔离起来其实是在加剧那种痛苦的孤独感。

我们走进房间，拉上窗帘，开始自暴自弃，这实际上和过去别人对我们做的事情是一样的。大脑习惯于按照老套路行事，但我们可能并没有意识到这一点，只会想“我就是不想出去”或“我就是不想见人”，而不去质疑自己的想法。

稍后我们会讨论，解决这个问题的一个关键点是，不要总是坚信自己的想法就是绝对正确的，要学会改变我们问自己的问题。关键的问题不是我们想不想做某件事，而是这件事对自己有没有好处。如果我们想改善自己的状况，学会照顾自己绝对是最重要的。

观察情绪状态，停止自责

下面来描述一些可能会被触发的情绪状态。这个练习的目的是帮你注意到那些和自己关系最大的情绪。有些情绪对我们来说可能比较明显，而有些则不那么明显，因为我们可能会拒绝感受某些情绪，或者倾向于和情绪脱节，这可能会让我们以为这些情绪对自己没有任何影响。所以，重要的是要停下来，认真观察，看看这些情绪是否真的在我们身上产生了一些感觉。

我们要留意的是，当读到不同的描述时，呼吸是否加快或变得困难，胃是否紧缩，身体是否变得紧张、僵硬，或者我们的状态是否有任何变化。这些感觉和想法对我们来说可能很熟悉，因为它们一直在我们内心存在，或者它们可能会偶尔被触发。无论如何，所有那些能引起我们反应的情绪，无论多么轻微，都值得注意。接下来列举一些情绪状态，并进行简要解释。

孤独，被遗弃

在我内心深处，有一种深深的孤独感，它永远不会消失。我觉得我被彻底、完全地独自留在了这个世界上。即使有人围绕在我身边，我也深信我生活中那些重要的人不会一直在那里，因为他们的感情可能会变，他们可能只是暂时在我身边，可能会死去，或者可能会因为别人比我更好而离我而去。我认为没有人会在我生活中停留，没有人会真正留下来陪伴我。

没有人会爱我

我觉得我不配得到任何人的爱，我没办法激起别人对我的兴趣。我觉得我没有什么特别的地方，没有什么值得别人来爱我。我觉得对任何人来说，我都不重要，我也从不认为我能够吸引别人的注意。

别人都会利用我

我相信如果别人有机会，他们会为了自己的私利而利用我。我觉得自己总是被欺骗，或者总是拿到最糟糕的那份。我感觉自己像个受害者。

我是个失败者

我总是觉得自己不管做什么都会失败，好像我什么事情都做不好，我一点用处也没有。我感觉自己很笨，什么都不会，也没有什么特别的才能。我感觉自己一点价值也没有，我不够好，我对所有人都是个失望，特别是对我自己。

我不属于这里

我感觉自己和其他人格格不入，好像我和他们不一样，或者我不适合这里。我在这个世界上找不到自己的位置，我不觉得我是任何团体的一部分。哪怕我身边有很多人，我也可能会有这种感觉，不管别人对我怎么样。

我太懒了

我没什么自制力，也没什么纪律性，我总是找借口不去做该做的事情。我总是想要逃避需要花力气的事情，或者那些看起来很复杂、很难处理的事情。当我累了的时候，我就觉得这是足够的理由不用去做任何事情。如果我告诉自己“我不想做”，我就会觉得自己不需要再考虑其他事情了。

我需要别人的认可

得到别人的认可或者赞扬对我来说比我自己的需求更重要。我非常依赖别人的看法和反应，我总是会注意我的言行对别人有什么影响。如果我知道别人不赞成某件事，我就没办法去做那件事。

我做不到，我没那个本事

我总觉得自己要是没有别人帮忙，就无法独立处理日常生活中的那些责任。我根本不相信自己能独立把事情做好。每次想到“我做不到”的时候，我就是这么想的，一点也不会怀疑，也根本不想去试一试。我总是去找别人帮忙，让他们替我解决问题或者告诉我该怎么做，哪怕我其实已经知道他们会说什么。

一切都会一团糟

我比较悲观，总是只看到生活中不好的事情，那些好的或者积极的事情我就没太注意。在所有可能的结果里，我总是让自己相信最坏的那个肯定会发生，而且我觉得这个结果好像已经确定了，肯定躲不过去。我一般不会去想会不会有别的可能。我总是觉得事情最后会出问题，情况会越来越糟。

我无法停下来

我感觉自己浑身是劲，好像能做任何事情。我做的事情比平时多很多，好像也不知道累似的。我脑子里一下子会冒出很多想法和计划，每一个都觉得挺好的，都有可能做成。我有时候甚至觉得自己能干大事。但有时候，我也发现自己好像太紧张了，有点过度兴奋。

我对自己感到羞愧

我感觉自己不够完美，有很多缺点，比不上别人。我总觉得如果别人看到真正的我，肯定会不喜欢我。我不敢把自己内心的真实感受表现出来，只能把它们藏起来，躲进自己的小世界里。

我很容易受伤

我总是觉得自己受不了生活中的打击，好像随便什么事情都能影响到我，我一点抵抗力都没有。我感觉自己特别渺小、特别脆弱。我把自己的脆弱看成是一个缺点，好像别人随随便便就能把我打垮，好像随便一点小病就能要了我的命。

我感觉自己毫无防备

我感觉自己一点防御都没有，别人想伤害我的话，我一点办法都没有。我就这么暴露在危险中，一点保护自己的能力都没有，也没人会来保护我。

我被困住了

我感觉自己被困在一个地方，哪儿也去不了，就像是被蜘蛛网粘住了一样。我虽然能看到眼前的路，但是不知道该怎么选择，也没法做出选择。我被困得很厉害，连其他的路或者出口都看不到。

我很混乱

我搞不清楚自己到底有什么感觉，也不确定自己到底怎么想的。我总是容易怀疑自己，不知道自己到底想要什么。我的想法和情绪总是变来变去，一会儿一个样。有时候，我甚至没办法思考，感觉自己魂不守舍，对周围发生的事情一点感觉也没有；有时候，我的脑子乱成一团，完全不知道该怎么办。

离了别人我活不了

我觉得如果没有别人，我一个人肯定快乐不起来。如果别人离我远了，我就像是要掉进一个无底洞，感觉自己快要崩溃了。没有人陪着，我感觉自己好像不完整，心里空落落的。如果没有人和我在一起，我感觉自己好像不存在一样，一个人的时候太难受了，让人感到害怕。我老是死死地抓住别人不放，因为他们一旦疏远我，我就觉得活不下去了。

我觉得自己被排斥

我总是觉得所有人都不喜欢我，觉得我这个人无趣。我身上肯定有什么问题，不然为什么大家都不愿意接受我。我对别人任何不友好的举动都特别敏感，很容易就能看出来。我会仔细观察别人的眼神，听他们的评论，注意他们的行为，生怕错过任何他们不喜欢我的信号。

以上这些情绪可能会在一瞬间突然变换，它们好像按照某种固定的顺序一个接一个地出现。如果不去留意这些情绪的变化，我们可能只会意识到自己最后的那个情绪。有时候，我们可能看到了一些情绪变化的过程，但感觉对它的出现无能为力，就像是在看一场停不下来的暴风雨一样。但如果我们开始留意这些过程，找出是什么触发了这些情绪，以及最开始出现的那个情绪是什么，我们就能从这种不自觉的反应中跳出来，开始有意识地思考，这样我们就能开始做出一些改变。

比如说，你心情一不好就去喝酒，喝到完全失去理智。然后你会觉得非常难受，也对自己喝酒的行为感到很内疚。但这一切是从哪里开始的呢？你可能都想不起来了……所以，你要仔细回想一下，然后好好思考一下。“让我想想，几天前我心情还不错，已经有一段时间没有这样低落了。但是那天晚上……我一夜没睡，那天到底发生了什么？其实也没什么特别的……哦，对了，我和伴侣吵了一架，不过这种事也经常发生。”

请你稍微停一会儿，好好想想这件事，问问自己：“那次吵架给我留下印象最深的是什么？想到这件事，我首先想到的是什么？”给自己一些时间，停下来思考，让记忆浮现。可能你会记起伴侣当时的表情，她对你说：“你和你爸爸一样。”如果你爸爸是个酒鬼，让你妈妈一辈子都过得很痛苦，那么这句话就像是在指责你犯了最不可饶恕的罪行，这正是你最不想成为的样子。童年时痛苦的记忆被唤醒，那一刻你感到脆弱和无助。伴侣的否定也激发了你对认可的需求。这种需求从小就在你心里慢慢形成，那时的你试图从父亲那里获得认可和爱（就像所有孩子一样），但他只会辱骂和鄙视你。

这些情绪激发了你强烈的愤怒和恐惧的保护反应，你的大脑想要对抗它感觉到的痛苦，想要逃离这一切，以及逃离过去经历过的所有事情。但你不允许自己感受到愤怒，因为你把它和那个好斗的爸爸联系在一起，你不想变成那样。恐惧也被你压抑了，自从你听到家里的尖叫和争吵声，你就无法摆脱那种感觉。尽管你现在已是成年人，有更多的选择，但你还是觉得被困住了，就像小时候一样。

在这个例子中，触发你情绪的是伴侣的表情，接着是脆弱感、取悦他人的需求、愤怒和恐惧，最后是麻木。你诉诸酒精，部分是为了麻痹这些感觉，部分是为了惩罚自己造成了别人的排斥，部分是因为愤怒带来了有关爸爸的记忆。喝酒让你的感觉变得模糊，当酒精在血液里翻腾，你就感觉不到什么了。但是之后，酒精留给你的不适，情绪的暴风雨，加上因为喝酒而产生的无尽的内疚——正好和爸爸过去的行为一样，这些都会一起袭来。这些自动的反应会带你到达你最不想去的地方。

如果能看清楚自己的情绪是怎么一个接一个地出现的，我们就可以不责怪自己，理解问题其实出在我们不自觉的反应上。我们折磨自己，觉得问题的发生都是自己的错，但这并不能改变任何事情。我们可以通过换一种看法，然后付出努力来改变这种情况。为了做到这一点，我们需要改变自己的情绪反应模式。我们现在是成年人了，我们可以选择离开某些情况，比如在争吵变得太激烈之前就退出。

另一个选择是和伴侣谈谈，告诉对方当他们对我们说这些话时，我们有什么感觉。如果他们明知道这会伤害我们，但还是选择这样做，我们需要理解他们为什么要这样做。他们这样做是因为我们做了什么（在这一点上我们需要诚实），还是因为他们自己的问题。我们可以通过更多地表达自己的想法来减少自己想要取悦别人的需求；通过保护自己不受伤害、阻止对方或者拒绝那些对自己有害的事情来预防自己变得脆弱。想象一下我们在保护那个脆弱的、需要取悦别人的小孩子，这也是一种可行的方法。关键是要在情绪反应的早期阶段就采取行动，防止它失控，通过引入变化来实现这一点。

我们只须停下来，看看是什么触发了自己的情绪，这些情绪又和什么有关，这就是在训练我们反思自己的情绪。如果经常这样做，会慢慢发现我们开始能够控制自己的情绪，而不是被情绪控制。这种自我观察的能力，这种能够从远处看到自己情绪变化的能力，这种能够不带有偏见地理解自己情绪的能力，本身就是一种强大的情绪管理工具。如果我们持之以恒地训练，变化可能是非常显著的。

每个人情绪反应的模式可能都不一样。不同的触发因素可能会在我们身上引发不同的情绪反应，但通常会有一些更常见或更棘手的情绪反应模式，我们可以先从这些模式开始处理。我们不要总是想着找到改变情绪反应模式的金钥匙，重要的是停下来，好好理解我们的反应以及它们是如何一个接一个地出现的。

一旦识别出了这个模式，我们在其中做出的任何改变都是有价值的，不管结果如何。只要不是重复同样的行为，我们就已经在打破这个模式。我们正在改变这个模式中的一个环节，接下来的环节就会和以前不一样。可能要过一段时间，我们才会看到明显的变化，但如果想要改善状况，我们需要承担起努力改变的责任。假装什么都没发生，或者发生的事情不重要，或者之后感到遗憾或对自己生气，都不会帮助我们改变。

第 5 章

聆听身体的声音

我们的身体里储存着不同的记忆，
身体和心灵各自保有它们的记忆。

—— 奥诺雷 · 德 · 巴尔扎克（Honoré de Balzac），
法国著名作家

民间的智慧有时候比神经科学的发现还要超前。我们常常会说，当我们为某人感到痛苦时，我们的“心”会痛，或者说我们会“肠胃”不舒服。很多年以来，对于神经系统的研究主要集中在大脑上，心理学领域也是把思想或者认知放在首位，而不太考虑其他因素。按照这些理论，是我们的思想和认知产生了情绪。虽然我们看待事物的方式确实会影响我们对它们的感受，但这只不过是影响我们内心状态和我们在外部世界中行为的一小部分因素。

注意情绪状态，倾听身体发出的信号

神经科学家斯蒂芬·波格斯（Stephen Porges）强调了外周神经系统在情绪调节中的重要性。正是身体和大脑之间流畅的互动，才产生了对我们情绪状态的良好调节和对我们周围环境的适应性反应。在这个外周神经系统中，有两个区域——心脏和其他内脏，也就是胸部和腹部。实际上，人们越来越重视与消化系统和心脏相关的神经结构，并且开始理解它们的一些复杂功能。

消化系统拥有比身体任何其他器官更多的神经末梢。许多人都会注意到，自己的胃肠功能会受不同的情境所影响。同样，人们也提出消化系统（包括其中的肠道菌群）可能也会影响情绪状态。一种非常常见的病症 —— 肠易激综合征，似乎就与这种身体与大脑的联系及其失调有关。

心脏是另一个非常重要的系统，它拥有大量的神经末梢，而且它的功能似乎不仅限于为器官泵血。特别是心脏与呼吸之间的同步性同外周神经系统的调节有关，进而也与大脑有关。即使我们处于休息状态，心脏以规律的方式跳动，但其频率会随着我们的呼吸而变化。如果心跳没有这种变化，我们的情绪和身体状态会更差。这就是所谓的心率变异性（Heart Rate Variability，简称 HRV），当它出现失调时，可以通过训练来改善。HRV 训练已被证明在治疗许多医学和心理学问题上是有用的。

就像我们关注自己的情绪状态一样，倾听来自我们身体的信息也很重要。就像早期或长期的不幸经历可能导致我们与情绪或反应的斗争一样，它也可能导致我们与自己的身体及其感觉产生不同类型的冲突。缺乏抚摸、拥抱或身体上的亲昵表达，意味着我们与身体的积极联系很少。因此，我们可能会将身体视为问题的源头，而不是能带来愉悦或健康的东西。在这种情况下，我们会更关注不愉快的身体感觉，当注意到它们时，我们不知道如何调节它们，或者我们的调节方式可能会适得其反。

上述情况可能导致的一个后果是，我们可能会与身体脱节，因为我们从未学会去感受它，或者它发送给我们的信号太强烈，以至于我们无法忍受。失去了与身体的联系，不适仍然存在，但我们没有注意到它（因此没有采取任何措施来改变它），直到它变成一种身体疾病。与身体的脱节也可能意味着，尽管我们能感觉到痛苦或不适，但我们不理解这与自己当前状况的关系，也不理解它与过去发生的事情的联系。

就像之前说的，身体和大脑之间的这种联系在生命的最初几年就已经建立了。当我们还是婴儿，只知道哭泣的时候，我们不知道自己怎么了，也不知道该怎么办。我们依赖于一个能够很好地感知我们的不适，并能猜出我们需求的成年人。这样，他们就会告诉我们“来吧，去睡觉，你只是太累了”，或者“这个孩子饿了，该给他奶瓶了”。当然，在大部分时间里，成年人能够准确预测我们的需求是非常重要的。当他们这样做的时候，我们就慢慢学会察觉自己怎么了，学会找到真正满足自己需求的解决办法了。我们也学会在必要时推迟这种满足，比如不在饭点外吃东西，等待进餐时间，或者调整和安排自己的睡眠时间。

如果成年人自己都不理解自己，他们也不可能理解我们。如果他们的运作方式是混乱的，我们也就学不到怎么把自己的事情安排好。如果他们误解了我们的信号，我们就会把事情搞混。比如，如果每次我们哭泣的时候，他们都给我们奶瓶，好让我们停止哭泣,我们就会学会用食物来安抚焦虑。如果当我们感到不适，他们的反应是忽视或轻视我们的感受，我们就可能不懂得怎么表达自己的感受，也不知道这些感受到底意味着什么，而且我们可能会在感受非常强烈，让自己受不了时才会注意到它们。

如果当我们生病的时候，他们告诉我们不应该抱怨，或者因为抱怨而责备或嘲笑我们，我们可能就会对一些小病小痛反应过度，或者在自己不舒服的时候不让自己休息。如果当我们生病的时候，成年人比我们自己还要焦虑，那么所有与疾病相关的事情都可能让我们特别担心。如果成年人平时不怎么关心我们，只有在我们身体不舒服的时候才会关心，我们可能就会在需要别人关心的时候，不自觉地让自己生病。

现在，每当看到自己处于某种特定的身体状态，我们的大脑就会在记忆库中寻找与类似情况相关的时刻，包括周围的人是如何反应的。

有时候，如果经历的事情和身体有关，我们可能会开始特别反感和身体有关的一切。比如，如果曾经受过严重的烧伤，经历过漫长而痛苦的康复过程，我们可能就学会了和自己的身体断开联系，而且随着时间的推移，我们可能不知道怎么重新建立这种联系。或者，如果曾经因为有某种问题或缺陷而被别人嘲笑，我们可能会因此而怪罪自己的身体。当身体直接遭受过攻击或虐待，重新和身体建立联系可能会让我们想起恐惧、厌恶或羞耻，或者重新勾起我们努力想要忘记的那些情境。

对身体的这种反感可能也和我们不喜欢自己或不重视自己有关。当感到自卑，觉得自己不够好，觉得自己不值得或应该被责备时，我们可能就不想看到镜子里的自己。这可能会一直发生，也可能只在某些时候发生，比如当我们处于某种特定的情绪状态，或者在镜子里看到自己最不想看到的表情（代表最不喜欢的那部分个性的表情）时。有时候，这种情况可能会更严重，我们甚至可能认不出镜子里的自己。当看自己时，我们可能会说“那不是我”“我不认识那个人”。

还需要考虑的另一种情况是，身体可能会因为我们经历了一些情感上冲击很大的事情而生病，尤其是当我们处于长期的慢性压力状态时。压力对我们的自主神经系统（控制身体器官的系统）、调节身体不同功能的荷尔蒙，以及保护我们免受感染的免疫系统都有影响。

压力大的情况会让我们更容易得病，也会影响这些病的发展过程。当有身体问题，但又不愿意去关注情感问题，或者不愿意去思考生活和人际关系时，我们可能会花很多年的时间寻求医学治疗，但这些治疗的效果可能不太好，或者不能持久。当医生发现药物效果不佳，从而指出问题可能在于“神经”（心理因素）时，人们常常会感到被冒犯。

这些痛苦或不适是非常真实的，当医生说这是“心理问题”时，人们可能会觉得自己被当成了幻想自己有病的人。不幸的是，医生并不一定是心身疾病、转换障碍或躯体化症状的专家，而这几种症状都与心理因素有极大的关联。医生有时会告诉病人“你没什么大问题”，其实仔细想想，说这句话对一个感觉不舒服的人来说是非常冒犯的。

童年的创伤也会影响生理健康

由创伤性经历引起的身体问题多种多样。几年前，有一项涉及数千人的研究，分析了一些童年不良经历的影响，发现在经历了四次或更多此类经历的人中，患癌症或心脏病的可能性会增加一倍。这些人也更容易有各种查不出原因的身体不适症状，而且一个人经历的创伤性事件越多，这些症状就越多。遭受更多创伤的个体吸烟更多，更肥胖，体力活动更少，肺部和肾脏问题更多，更容易骨折……从小时候的创伤经历到长大后生病，这中间的原因可能有很多，可能是压力大，也可能是平时不太注意自己的健康，生活习惯不太好。我们照顾自己身体的方式，很大程度上是由小时候别人怎么照顾我们决定的，这既包括怎么照顾自己的身体，也包括怎么照顾自己的情绪。

无论如何，当分析发生在自己身上的事情，以及为什么会发生在自己身上时，我们必须考虑自己的情绪、信念和身体感觉。我们必须将自己的心理问题和医学疾病视为一个整体。治疗任何一种不适，都应该同时考虑到身体和心理两个方面。

我们可能从来没有好好感受过自己的身体，也可能不太懂身体在说什么。我们的身体可能有一些我们不想去感受的感觉或情绪，因为它们会让我们想起一些我们想要忘记的事情，或者一个我们不愿意面对的自己。也许我们觉得身体上的疾病让自己感到非常疲惫或痛苦。

与自己和解的过程，也必须包括与自己的身体重新建立联系，尤其是在前面提到的情况下。我们需要重新学习怎么去感受身体的感觉，注意身体的反应，学会去描述这些感觉。无论是好的感觉还是不好的感觉，都和我们的情绪和想法有关。即使是那些有明确的器官原因的身体疾病，也可能因为人生中的各种事件或自己的心理历程而加剧、恶化。

首先，我们要做的是静下心来，好好观察自己的感觉。可能一开始我们会想“我什么感觉都没有”，但别急，慢慢来，给自己几分钟时间。注意现在是什么姿势，身体哪个部分靠着什么东西，是怎么靠的。感觉一下，脚掌踩在地上的压力大不大。身体的哪个地方感觉最暖和，哪个地方感觉最冷。有没有哪个地方特别紧张，或者特别放松。有没有哪个地方感觉特别重，或者特别轻。找出身体上感觉最舒服的那个地方，仔细描述一下它的感觉。同时，如果感到哪里不舒服，也要留意一下，看看那种感觉到底是什么样的。注意这些感觉的时候，不要急着给它们贴标签，不要说这是好的感觉还是坏的感觉，也不要去想这些感觉到底意味着什么。就让这些感觉自然地存在，允许它们是它们本来的样子。

很多时候，像这样留心观察可以让我们发现一些之前没注意到的感觉，这样我们就能更了解自己的状态。我们也可能会发现，自己其实一直在无意中忽视或者压制这些感觉，或者用一些动作来转移自己的注意力，比如握紧双手或抖腿。只要我们意识到这些感觉的存在，就让它们自然地存在，很多时候那种不舒服的感觉会慢慢减轻，甚至消失。有时候，我们也会注意到头脑中有很多想法，这些想法会影响自己的感觉。比如，如果老是告诉自己“我受不了这种感觉，我希望它快点消失”，或者担心如果注意到这种感觉，就会被它压垮，我们就会发现那种感觉不但没有减轻，反而变得更强烈了。

和身体重新建立联系，需要持续不断地做这样的练习，这样它才能帮助我们更好地了解自己，提高我们对自己感觉的意识。你可以练习和自己的感觉待在一起。当感到不舒服的时候，我们要在身体的某个部位定位到这种不舒服。可以把手放在那个部位，但是不要用力，不要试图把那种不舒服的感觉赶走，而是用一种照顾的姿态。可以想象那种不舒服的感觉就像一只小狗、一只小猫，或者一个小宝宝——任何能让自己感到温柔的东西，是它在替我们承受那种感觉。我们在心理上照顾这个小动物，耐心地向它传达它并不孤单，一切都会好起来的。我们知道那种感觉可能会持续很长时间，我们只需要和它待在一起，让那种感觉自然地存在，不用要求它改变或者消失，也不要强迫它或者压制它。这个练习的目的不是让自己放松，而是学会接受自己的感觉，并从照顾自己的角度去看待这些感觉，而不是逃避或者压制这些感觉。

在感到平静、没有明显不适的时候，我们可以变通一下之前的练习：将手放在胸口，感受心脏的跳动和节奏。或者把手放在胸口，感受呼吸，注意呼吸有多深、有多快。如果呼吸急促而浅薄，我们可以通过有意识地改变它来帮助自己，花更多的时间呼气而不是吸气、让呼吸变得慢一些是很有帮助的，重要的是，我们要从容、自然地去做这个改变，不要强迫自己，然后将手放在腹部，注意它传递给自己的感觉，并观察它是如何随着呼吸的节奏而起伏的。

有时候，身体不舒服的感觉也可以告诉我们自己，我们对正在发生的事情或内心深处的想法有什么反应，而我们可能并没有很清楚地意识到这些反应。结合上一章中描述的情绪状态，以及后面会讲到的保护反应，这些都可以连成一串自动的反应，而我们可能并没有意识到，但详细地理解这些反应是很重要的。我们对自己身体和情绪的变化了解得越多，我们控制和改变这些变化的能力就越大。

第 6 章

学会调节自己的情绪

未表达的情绪永远不会消亡。
它们只是被活埋，并将在未来以更糟糕的方式爆发。

—— 西格蒙德·弗洛伊德（Sigmund Freud），
奥地利著名心理学家

四个小女孩在一起玩耍，跑着跑着不小心摔倒了，把膝盖擦伤了。

苏珊娜（Susana）今年五岁，她看到自己的膝盖在流血，就哭着跑回家。她的妈妈很心疼她，对她说:“宝贝，一定很疼吧？来，妈妈帮你洗洗伤口。对，这确实会疼的。妈妈给你贴个创可贴。来，坐在妈妈腿上，抱一会儿就好了。”过了一会儿，苏珊娜就觉得没那么疼了，又想出去玩。如果妈妈问她膝盖还疼不疼，她可能就会一边往外跑，一边说“不疼了”。

玛丽亚（María）也回家了，她妈妈正在厨房里忙着。妈妈工作了一整天，看起来很疲倦。玛丽亚心想，自己的伤口没什么大不了的，不想让妈妈再为自己操心。妈妈忙着做家务，也没注意到玛丽亚受伤了，只是随口说:“快去洗洗手，准备吃晚饭了。”

劳拉（Laura）哭着往家里跑，她妈妈也赶紧跑出来找她。妈妈听到了小女孩们的尖叫声，心想肯定是出了什么大事。等她看到劳拉，就紧紧抓住她的胳膊，焦急地冲她喊:“我跟你说过多少次要当心？你这样会把我心脏病都吓出来的，快进屋去！”

劳拉很伤心，还是不停地哭。她妈妈对她说：“别哭了，小姑娘，这真的没什么……行了，别哭了，你再哭我也要跟着难过了。”

特蕾莎（Teresa）跌跌撞撞地走回家，因为摔倒受了惊吓，一直在哭。当她回到家时，她妈妈对她说：“别哭了，否则我真的要给你点颜色看看！你怎么老是摔跤，笨手笨脚的，你就不能小心一点吗？”

我们得到的关心，更多的是通过日常生活中的小事，而不是那些特别重大的事件。在日常生活中，我们对自己的认识、对世界的看法、怎么处理自己的感受、怎么看待自己，这些通常都是在不知不觉中形成的。我们怎么看待自己的内心世界，我们对自己的感觉和想法的态度，其实是模仿了我们小时候身边那些最重要的大人看待我们的方式。我们和小时候的照顾者之间的关系，就像是一块模板，会影响到我们以后和其他重要人物的交往。如果这个基础没打好，那我们所有的人际关系都可能会受到影响。这就是为什么我们需要先打好这个基础。很多人尝试了很多治疗方法，想要解决自己的问题，但往往发现很难获得想要的改变。有时候，问题就在于我们试图从错误的地方开始。我们需要先学会怎么照顾自己，怎么控制自己的情绪，然后才能在其他方面取得进步。

先来看看故事里那几个小女孩的故事，以及这些故事对她们将来的影响。

儿时的依恋关系会影响一生

苏珊娜很幸运，在“我要出生在什么样的家庭”的抽签中，她抽到了一个很有安全感的妈妈。下面来看看她们互动中的一些细节。首先，妈妈注意到了苏珊娜的不舒服，知道她现在是什么感受。也许正是因为这样，苏珊娜才会让自己哭出来，也愿意让妈妈看到她哭。然后，妈妈做了一个很体贴的动作，她不仅清洗了苏珊娜的伤口，也照顾到了她的情感需要。给孩子贴创可贴，就像是我们小时候说的“小青蛙的屁股，你今天不愈合，明天就会好”,都是一种治愈的方式。妈妈还把游戏带进了她们的互动中，也给了苏珊娜安慰:“来，坐在妈妈腿上，抱一会儿就好了。”妈妈的爱抚慢慢减轻了苏珊娜的痛苦和哭泣，直到它们完全消失。

苏珊娜的妈妈不仅做了一些事,她没做的一些事情也很重要。她没有因为苏珊娜摔倒而责怪她，也没有表现得特别焦虑，更没有只关注自己的情绪，而是关心苏珊娜的感受。她没有忽视苏珊娜的疼痛，也没有对苏珊娜的不舒服不屑一顾。

正因为这样，苏珊娜有了一个好榜样，可以学习如何意识到自己的感受，如何恰当地重视自己的情绪，如何关注自己的情绪，并学会如何控制它们。情绪控制就像我们之前说的那样，苏珊娜的情绪会自然地流露出来，她会学会如何处理这些情绪。不管苏珊娜天生是什么性格，不管她是不是比一般人更敏感，或者更容易感到害怕、羞愧或冲动，她都能够逐渐学会如何更好地处理自己的情绪。虽然我们的性格有一部分是天生的，但是环境对我们的成长也有很大的影响。

现在来看看玛丽亚的故事。问题不在于玛丽亚身上发生了不好的事情，而在于她没有经历一些好事，这些事能教会她如何控制自己的情绪。她妈妈并没有责备她或惩罚她，只是妈妈太累了。而且从玛丽亚的反应来看，她已经不会哭着回家，也不会试图引起妈妈的注意，这似乎已经成了她的习惯了。这种依恋的方式被称为疏远型。孩子偶尔不开心，并不会对他造成什么伤害，但是如果我们没有足够的情感能量去关注他们的感受，孩子就无法学会如何处理自己的情绪。

玛丽亚可能会觉得自己的情感需求不重要，她会假装自己没有这些需求，也不会去寻找满足这些需求的方法。她也会学会自己解决问题，不求助于别人，这会让她失去一个很重要的心理支持，因为有些事情自己解决起来会很困难。有时候，虽然自己也能解决问题，但让别人帮忙会更容易，也更省力。总是拒绝别人的帮助，最后可能会让自己承受不了，导致出现一些心理或身体上的问题。因为不懂得如何理解自己的感受，当有这些症状时，我们也不知道它们是什么意思，不知道它们是从哪里来的。

现在来看看劳拉的情况。她的妈妈很担心她，这看起来好像是好事，但如果妈妈总是过于担心，反而会带来更多的问题。在一些家庭里，父母觉得担心孩子就表示他们爱孩子，如果不担心就等于不爱孩子。有时候，父母会直接告诉我们，我们应该一直担心，要负责照顾别人的情绪。虽然这么说有一定的道理，但大多数时候，这其实是对亲情的一种误解。

首先，担心会让人感到压力很大。它就像背景音乐，制造出一种焦虑感，让情况变得更沉重。一方面，我们想摆脱这种压力，因为它太重了；另一方面，我们又觉得有家庭责任和道德义务去担心别人，解决他们的问题。这样的关系会让人感到矛盾，亲密关系可能变得让人感到不舒服。在这种家庭长大的孩子经常会觉得自己陷入了一个没有解决办法的困境。如果和别人保持距离，我们就是坏人，是自私的，好像我们不爱那些爱我们的人；如果我们不走开，我们会感到窒息。

其次，担心也不能帮助我们建立自信，它只会让我们害怕尝试任何新的活动，限制我们探索的可能性。想象一下，下次劳拉和朋友们一起玩耍的时候，她可能会非常小心，生怕再次摔倒。她可能会害怕学骑自行车，害怕在岩石上跑，或者害怕自己一个人去做事情。她害怕的不仅仅是她可能会受伤，而是因为她可能会把一点点小伤看成天大的事，而且她可能会比实际情况更害怕。

此外，如果她受伤了，她也可能会感到内疚，因为她不想给妈妈带来更多的担心。很多时候，那些妈妈承受过多担心的孩子会试图找到安抚家长的方法，因为妈妈的不稳定会让孩子感到不安。但孩子要安慰大人，这其实是不正常的。当劳拉长大后，她可能总想要解决别人的问题，这其实是不合适的，因为成年人应该学会控制自己的情绪。如果我们总是试图帮助那些不愿意接受帮助的人，或者试图安抚那些无法安抚的人，最后只会让自己感到沮丧和绝望。

那些总是担心孩子的家庭，其实并没有在培养孩子的独立性。担心就像是强力胶水，一旦粘上就很难摆脱。孩子们为了适应这种环境，可能会变得特别依赖大人的担心，变得离不开大人。他们自己做一些事情时会感到不安全，总是需要大人来安慰他们。

这种依赖可能会一直持续到他们成年后，影响到他们所有的人际关系。他们不会觉得自己是独立的个体，不能忍受一个人独处，不能忍受和亲近的人分开或失去亲近的人。

他们会觉得别人是自己的一部分,没有别人他们就活不下去。像“没有他我什么都不是”“没有他我会死”或“没有她我感到空虚”这样的话，就反映了这种情感上的依赖。任何关系如果离开了对方就无法想象，那么这种关系都是不健康的。任何小问题在这种关系中都可能变成大问题。

有些成年人可能会选择和这种总是担心他们的家庭保持距离，但这并不是没有情感代价的。他们可能觉得和这种家庭保持太近的关系会让自己很不舒服,所以选择和家庭保持距离。但是，他们和家庭之间还是有某种联系，这种家庭会因为他们没有打电话、没去看望或没关心父母状况而让他们感到内疚。很多时候，为了避免感到内疚，他们会屈服于这种家庭的要求，比如每天给妈妈打电话，同时抱怨即使已经 40 岁了，他们仍然需要向妈妈汇报。为了在人际关系中正常运作，他们可能会变得对任何可能表明对方依赖自己的信号过于敏感，尽管他们内心深处可能并没意识到自己也有依赖性，或者不愿意承认这一点。

但是,有时候最糟糕的结果可能来自那些看似是好意的行为。比如有人对你说：“别哭了，这没什么大不了的。”听上去像是在帮你调整心情，但实际上它暗示了你的感受不重要，你应该忽略它。如果你不去注意自己的感受，那么这些感受就不会被处理，而是会在你的内心深处积累起来。如果没有首先认识到自己的情感，那么调节情绪的整个过程就无法进行。

再来看看特蕾莎的例子。她害怕摔倒，可能是因为她预感到了在家里会发生什么不好的事情。

特蕾莎妈妈的反应让她感到害怕：她本应该在妈妈那里找到安全感,但却感到了威胁。当你害怕的人正是你应该依赖的人时，你的内心就会感到混乱，因为面对的是一个矛盾的情况。依赖是一种天生的保护机制，因为人类不是孤立成长的，而是在家庭环境中长大的。孩子没有办法保护自己，所以他们会依赖一个能够保护他们的人。

但是，如果这个保护者同时也是让他们害怕的源头，那么这个系统就无法正常工作。即使没有身体上的暴力，仅仅是情感上的敌意,也是孩子们难以接受的。如果一个照顾者让人感到害怕，那么他就不可能成为孩子的保护者。因此,即使家里还有其他人，但如果他们不能保护孩子免受伤害，他们就不能成为孩子可以信赖的依靠对象。

孩子的依赖需求得不到满足，他们就会一直感到不安全。我们在之前的内容中提到过的各种感觉将会出现，反映出不同类型的情感缺失，这些感觉会随着对他人或自己的保护反应而变化，这些反应可能会在与他人或自己的联系中被错误地触发。最终，思维过程会变得混乱，心智会分裂。

善待自己，别人才会善待你

现在让我们看看这些小时候学到的东西如何反映在成年后照

顾自己的方式上。我们可以回顾一下，看看自己是否有以下这些情况。

- 我们是不是有自毁倾向？是不是经常自我打击，或者在心里不断地批评自己？
- 我们是不是明知某些事情对自己有害，但还是去做？
- 我们是不是因为自己状态不佳而对自己生气？
- 我们是不是连自己的身体都照顾不好？
- 当我们需要帮助时，我们会不会去寻求帮助？
- 当别人主动提出帮助时，我们会不会接受帮助？
- 我们是不是会寻找积极的活动或者建立积极的关系？
- 当别人对我们有正面评价时，我们是不是感到舒服？
- 我们是不是能意识到自己的需要，并把这些需要看得和别人的需要一样重要？
- 我们是不是会去尝试满足自己的这些需要？
- 在照顾自己和照顾别人之间，我们是不是能找到一个平衡？
- 当我们照顾别人时，我们内心深处是不是期待着别人也能回报我们，或者至少感激我们，哪怕自己可能并没有意识到这一点？

以上所有这些方面都和我们如何照顾自己有关。如果你发现自己在很多方面都做得不够好，那我们就需要做这样一个反思。

- 不管我们因为对自己不满意而感到多焦虑，一个不善待自己的人怎么可能感到更好呢？在尝试做任何改变之前，我们需要先打下这样一个基础：我们必须下定决心，不管有多困难，都要学习如何更好地照顾自己。解决任何问题的第一步都是理解问题是如何形成的，而不是责怪自己。
- 我们对待自己的方式，是不是和过去别人对待我们的方式有点像？我们是不是想要继续这样下去？因为我们现在是成年人了，是我们自己决定如何对待自己。这并不意味着改变我们照顾自己的方式会很容易，但如果我们愿意投入精力，这是完全可能的。意识到这一点，我们就已经在改变的路上迈出了第一步。

第 7 章

重塑支离破碎的自我

一个人不能和自己打架，因为到头来输的总是自己。

—— 马里奥·巴尔加斯·略萨（Mario Vargas Llosa），
秘鲁/西班牙现代作家、诺贝尔文学奖得主

如果在成长的时候，没遇到那些能深刻理解我们的人，我们看待自己的方式从一开始就会走样。我们个性中的有些部分，因为小时候周围人的忽视或压制，无法被我们自己接受。长大后，这些部分会在不知不觉中影响我们，我们也无法控制它们。当这些部分表现出来的时候，我们会感到陌生，不明白自己为什么会有这样的感受、想法或行为，我们会想:“这不是我，这不是我的问题，这跟我的性格不符。”

我们的身份，也就是我们觉得自己是什么样的人，是从我们最早的人际关系里学来的，它是通过和我们生活中重要的人互动慢慢形成的。如果我们表达某种情感时，看到身边的人露出不喜欢的样子，我们就会在内心深处记住这种排斥感。如果这种情况经常发生，那么当我们再次体验到这种情感时，那种自我排斥的感觉也会跟着回来。

我们可能不认同自己个性中的某些部分，这种情况特别常见于那些让我们感到脆弱或愤怒的部分。下面举几个例子。

为何人们不喜欢感到软弱或脆弱

“有时候我会感到孤单，没有依靠，‘无助’这个词最能描述我的感受。我自己也搞不懂为什么会这样，因为我平时是个非常坚强的人……工作上遇到再难的事，我都能应对自如。但有时候，无缘无故地，我就会突然感到很伤心。我一点也不喜欢这种感觉。”

如果我们在还是孩子的时候，妈妈情绪不好，我们就没办法和她分享自己的伤心。我们可能会选择隐藏自己的伤心，避开它，或者不承认它。如果我们的伤心没有得到理解和安慰，那种感觉就像是一条河被我们用永远不开的闸门堵住了一样。我们可能只会在没有人看见的时候偷偷哭泣，但即使这样，大脑还是会把我们的伤心和妈妈的伤心联系起来。

对孩子来说，看到自己依赖的大人伤心，是一件非常可怕的事情，因为一个伤心的大人没办法在情感上给予孩子足够的关注，她完全沉浸在自己的痛苦里。哪怕妈妈在日常生活中对小孩照顾得无微不至，小孩还是会觉得缺少了点什么，因为缺少了情感上的共鸣和呼应。

伤心是一种会让人完全沉浸在自己世界里的情绪，它会让人在人际关系中感到距离和隔阂，这对于依赖人际关系生存的孩子来说，是难以忍受的。如果小时候没有学会如何面对、接受和处理自己的伤心，我们就会试图避免去感受它，或者把它深埋在心底。

但不允许自己去感受、表达和释放的情绪，会永远留在心里。和伤心有关的记忆会慢慢和自己疏远、断开联系，甚至被封闭起来。在内心深处，有一个部分会一直感到非常伤心，但我们会选择不去注意它。这个伤心的部分没有机会成长，没有机会通过我们一生中遇到的更成熟的人来获得滋养，和他们建立联系。在内心深处，自己永远都是那个拒绝悲伤的孩子。

如果和自己内心这一部分的隔阂太深，我们可能根本不会察觉到这些感受。我们可能会偶尔感到一阵说不清的悲伤，不知道它从何而来，这种悲伤会和我们小时候感到的被抛弃和孤单的情绪一起出现。我们会觉得自己很无助，就像没有人安慰和照顾的小孩一样。我们不会意识到自己已经是成年人，有能力去做出改变，做出选择，自己去找到我们需要的东西，反而会觉得自己很渺小。我们好像一直停留在过去的那一刻。只有当我们开始关注并接纳内心这一部分，学习用新的方式来处理悲伤时，我们才能让这些悲伤释放出来，真正活在当下。

刚才说的情况并不是唯一会导致我们不喜欢感受到软弱或容易受伤的原因。它只是许多可能的原因之一，说明了我们个性中那些自己不喜欢的部分，其实都和自己的过去有关。重要的是，如果发现自己也有类似的情况，我们要开始留意自己的感受和这些感受背后的原因。

为何人们会突然情绪失控，又为何回避愤怒

“我有时会做出一些自己都不认得的行为。我可能会非常伤人，尤其是对我在乎的人。之后我会感到非常糟糕，但那种感觉

就像是火山爆发一样，我控制不住。就好像那种愤怒控制了我，有时候我甚至会故意激怒对方，让一切爆发出来。但这根本就不是我的本意，我讨厌暴力，因为我曾亲身经历过很多暴力。”

目睹重要的人对我们或者对其他人进行身体或言语上的暴力，会改变我们表达愤怒的方式。愤怒、生气、愤慨，这些都是类似的情绪，它们和我们受到攻击时本能的反击反应有关。如果攻击我们的人是我们依赖的对象，比如父母或伴侣，我们的情感系统会陷入混乱，因为同时启动了依恋和防御两种反应。这两种反应会在我们和人相处时交替出现。从那时起，我们的个性就无法完整地发展。

当孩子专注于和照顾者的关系时，他会暂时把愤怒放在一边，因为他知道不能从那里得到安慰。此时，他只会意识到自己需要那个人才能活下去。但在其他时候，他可能会感到愤怒，而在这种状态下，他不会记得那个人对他有多重要。

面对照顾者，孩子会有矛盾的反应：我需要你的保护，但你让我害怕，我需要你，但我又讨厌你。这种矛盾会形成我们和他人建立关系的方式。我们会对和别人亲近感到矛盾，越亲近，我们就越害怕，就越可能攻击对方，或者对方就越让我们感到不舒服。

如果我们的依恋关系很混乱，会有很多非常复杂的影响。一方面，我们对爱和保护的需求从来没有得到满足，因为即使在关系最好的时候，这种关系也是不健全的。我们内心的一部分可能还停留在像小孩一样需要关爱和保护的状态，我们会觉得自己离不开父母或伴侣，变得过分依赖。有时候，我们可能会试图忽视或否认这种需求，甚至可能完全意识不到它的存在。我们会告诉自己不需要任何人，但不管承不承认，那个需要关爱的“内在小孩”一直都在我们心里。奇怪的是，我们越不注意的那部分，对我们影响越大。

比如，我们可能会因为童年时期对爱的强烈需求而选择伴侣，而忽略了成年后的自己能够感知到的这段关系可能会出问题的信号。这就是为什么我们有时会接二连三地和那些对我们不好的人建立关系，甚至这些人还出奇地相似，就像是我们没有从过去的经历中吸取教训一样。实际上，只有我们的成年自我能够从经验中学习，而那个需要关爱的内在小孩，由于被我们忽视，没有机会学习、成长和进步。如果让这个内在小孩来选择伴侣，我们可能会寻找那些让我们感到熟悉，和我们成长过程中遇到的人有相似之处的人。

另一方面，我们的愤怒会和我们的记忆紧密相连。这样我们就能意识到伤害，并且能够察觉到危险。我们内心的一部分可能会对那些我们依恋的人产生强烈的恨意和不满。愤怒和我们保护自己的能力有很大关系。但我们可能不知道如何处理这种愤怒，因为它会让我们想起那些曾经对我们不好的人。我们可能经常告诉自己，我们不想变成那样的人。

然而，我们无法控制自己的身体反应，也无法决定自己的感受。当感到愤怒的时候，我们就会愤怒。然后，这个部分会被激活，我们可能无法很好地管理愤怒，因为我们拒绝承认它是我们的一部分。我们可能会把愤怒压抑下去，无法利用它来坚定地表达自己的需求，或者为了我们在乎的事情而斗争。

面对那些非常矛盾和具有威胁性的照顾者，我们的大脑还可能采取另一种方式。如果成长在一个只有受害者和施害者的世界，我们的求生本能可能会认为站在施害者一边更安全。成为受害者是我们所拒绝的，这样我们就会沉浸在愤怒和怨恨中，投身于对抗不公或努力变得无比坚强。

我们从不允许自己变得脆弱，不去接触痛苦，也不会对自己产生同情心。我们不想依赖任何人，因为从这个角度来看，这是避免情感上被摧毁的唯一方式。我们不信任任何人，不建立亲密关系，即使要建立关系，也只是出于控制、权力或支配。

从这种早期混乱的依恋关系出发，无论更认同哪一方，我们的心理功能都会极度分裂。我们最排斥的部分（无论是敌意还是脆弱）都会退居幕后，我们可能或多或少意识到它的存在。但这些隐藏的部分，无论是我们那个被遗弃和需要关爱的内在小孩，还是我们防御性和保护性的愤怒，都将扮演关键角色。当某些心理过程从这些我们不认同的自我部分启动时，我们不会认同自己的感受、思考或行为。我们会对自己说“这不是我”“我被某种东西控制了”“我不认识自己了”。我们会说自己不是那种人，但实际上，那些感受、思考或行动确实是来自我们自己。

童年的经历会影响人格发展

正如之前提到的，我们所拒绝的那些自我特质，往往与我们生命中一些重要的人有相似之处。因此，我们对这部分自我的反应，也与这些人对我们产生的影响有关。例如，我们可能会拒绝自己脆弱的一面，因为我们对遭受丈夫虐待却未能保护孩子免受父亲暴力的母亲感到非常愤怒。在某种程度上，我们没有将自己的痛苦、弱点或悲伤与那个在我们心中最能代表这些特质的人区分开来。

我们也可能会不接纳自己的愤怒，将自己定义为一个平和的人，一个不喜欢任何冲突、总是自我控制的人，但有时我们可能会突然失控爆发。如果发生这种情况，我们的愤怒会让自己想起童年时期那个令自己恐惧的家庭成员的样子，看到自己表现得和他们一样，对自己来说是无法接受的。

我们想要否认的这些自我部分，并不总是以明显的方式表现出来。愤怒可能会转变成内心的自我批评，甚至变成一个感觉不像是自己的声音或想法。我们对这些部分的排斥程度，它们对行为的控制程度，或者它们的复杂性，都是各不相同的。

有时候，我们可能会觉得自己就像是两个完全不同的人，甚至在一个状态下不记得另一个状态下发生了什么。如果个性分裂得更厉害些，我们可能会在很多不同的心理状态之间快速转换，脑海中充满了各种矛盾的想法，或者不清楚自己到底在想什么、感觉什么或想要什么。

我们的生活可能会因此变得像一个拼图，怎么也拼不完整。当我们无法解决那些让自己难以接受的矛盾时，我们的心理可能会走向两个完全不同的方向。一个方向是，我们的情绪会像过山车一样，一会儿非常激动，一会儿又完全不同，而且通常我们控制不了这种情绪的起伏。我们的信念和行为会突然改变，以至于搞不清楚自己到底是谁。有时候，我们的行为在不同的情况下差异会很大，以至于不仅别人觉得我们变了个人，连我们自己也会有这种感觉。

另一个方向是，我们可能会把这些情绪压抑得很厉害，以至于我们自己都感觉不到它们了。我们会对自己施加非常严格的控制，把自己的某些性格特点锁起来，不让自己或别人看到。但是，这些被锁起来的部分有时还是会冒出来，它们会表现为突如其来的冲动、奇怪的想法、耳边的声音，或者是我们自己也无法理解的情绪和感觉。我们通常会将这些症状归因于由外部因素、遗传因素或未知因素引起的疾病，但不会（实际上我们会抵制）将其与任何心理因素联系起来，不会看到它与自己的个人经历有任何联系。

第 8 章

与自己对话，引领自我和解

你做的每一个决定，
其实都是你脑子里的几个人一起商量出来的。
哪怕你觉得自己太骄傲不想听他们的，
但只要下次你愿意去听，
他们还会在那里给你出主意。

—— 埃里克·伯恩（Eric Berne），
美国精神病学家

每个人心里都有个小声音，会对自己诉说正在发生的事情、自己的感受，还有自己的想法。这个内心对话，其实对我们控制自己的情绪很有帮助。我们心里那个理智部分和感性部分互相聊一聊，往往就能做出最好的决定。

我们心里的这个声音，很多都是从别人对我们说的话里学来的，或者是看到别人做或没做什么之后，我们对自己说的话。我们会回想那些对我们很重要的人，从陪伴我们长大的家人开始，一直到我们生命中所有重要的人。

想象一下，那些小时候磕伤过膝盖的小女孩们。现在她们长大了，刚刚犯了一个很严重的错误，看看她们会做出什么反应。

苏珊娜，她在一个很有爱的环境中长大，会在心里对自己说："哎呀，我真是笨手笨脚的，现在感觉好糟。可是当时我觉得自己做的决定是最好的……现在也没别的办法，只能接受后果了。我肯定能渡过难关。这次的错误让我学到了一个很重要的教训。"

玛丽亚可能会告诉自己，不管结果如何都没关系。她可能会头疼得越来越厉害，尤其是在面对她做出的决定带来的不好的后果时。但她不会把头疼和之前的错误联系起来，而是可能会吃止痛药来缓解。

劳拉（她的妈妈总是感到担忧）会非常焦虑，不仅担心即将发生的事情，还担心由于这件事可能导致的其他负面后果，以及她会让其他人遭受多大的痛苦。

特蕾莎则会因自己做出的决定而非常自责，她会不断地告诉自己，她是个彻底的失败者，自己什么都做不好，一切都是她的错。她可能不会和她的朋友们谈论这些，即使她这么做了，也会把朋友们的鼓励话当成耳边风，直到这些鼓励对她没有任何帮助。她不知道如何帮助自己，也不允许别人帮助她。这会导致更多的问题和痛苦，比最初发生的事情要多得多。而且，她从这次错误中学习的机会要更小，因为她不像苏珊娜那样能正确地处理内疚感，所以她可能会重复犯同样的错误。

就像我们看到的，每个人和自己说话的方式，很大程度上是受小时候犯错时周围人的反应影响的。如果这些女孩还经历了一些非常糟糕的事情，比如被虐待、被欺负、失去重要的东西等，情况可能会变得更加复杂。以特蕾莎为例，她在一个很复杂的家庭环境中长大，她的心理可能会非常分裂，如果再加上一些创伤，这种分裂可能会更加严重。她内心的冲突会变得越来越严重，她想要紧紧抓住关系的那一面，与她想要保护自己不受伤害的那一面可能会完全无法达成一致。

此外，她可能会对自己个性中的某些方面非常排斥。她愤怒的一面可能会对她软弱的一面非常生气，因为软弱的一面允许别人虐待她，或寻求那些伤害她的人的爱。愤怒的一面会储存所有怒火，这些怒火本来是应该向伤害她的人发泄的，尤其是当伤害她的人是她所依赖的人时。但如果她真的那么做了，她就无法和那个人建立联系了，作为一个孩子，她又必须和那个人建立联系。因此，某些记忆网络会断开，因为它们根本就不相容。照顾我们的人，恰恰是伤害我们最多的人，这在心理上是很难接受的。

所以，我们会把自己的记忆和感受分开存放。当和某人建立联系时，我们可能会忽视他们的缺点；而当看到他们的缺点时，我们可能会忘记他们对我们的重要性。

当这些记忆网络独立运作时，我们的心理也会发展出两块不同的区域。在其中一块我们保留与周围人建立联系的时刻；而在另一块我们对他人保持不信任。有时候我们处于“我迫切需要爱，无法忍受孤独”的状态，有时候我们又处于“我与世界抗争，我不需要任何人”的状态。从不同的心态出发，我们对周围世界的看法会截然不同。面对不同的人，我们可能会展现出自己不同的侧面，甚至对同一个人，我们对他们友好的一面和敌意的一面，可能会用不同的态度来应对。就好像我们在不同的时刻会展现出不同的自我，一个不同的“我”。

因此，我们个性中的这两个方面可能会发展出具有很大自主性的独立部分，它们构成了复杂的思维系统，几乎就像是拥有两个并行的心智。我们认同得最少的那个方面，将更不受我们的控制，更难察觉。有时候，这些不同的方面可能会在不同的时刻主导我们的行为，或者它们只存在于我们的内心。

这种情况可以通过很多不同的方式表现出来。我们以防御性的愤怒为例，来看看第四个女孩的情况。特蕾莎除了要应对父母对她生病时的反应，还遭受了好几年的校园欺凌。她当然不会在家里提起这些事，因为她知道，妈妈对一个小伤口都会大惊小怪，如果知道这么大的事，就更不知道会有什么反应了。特蕾莎并不指望父母能保护她，反而觉得她必须保护自己不受父母的伤害。所以，她的身体会自动抑制自己防御性的愤怒，当她在家里或校园受到攻击时，她会主动避免发火。

她很害怕自己性格中的这一面，因为当她生气时，她的反应就会变得和妈妈一样，而她已经下定决心，绝不要变成像妈妈那样的人。所以，她努力做一个听话的孩子，尽量把一切都做好，当别人责备她时，她会低下头，以免激怒对方。愤怒不断积累，却被她压抑下去。关于被攻击的记忆，都被储存在大脑的某个区域，这个区域有它自己的记忆网络。从这个区域会时不时冒出一些想法或反应，但她很快就会把它们赶走，尽量不去想它们。

这些想法、感受和行为逐渐积累了很大的压力。因为它们是本能、自动地被压抑的，即使冒出来，她也不允许自己去感受它们，所以她的这个性格部分变得越来越复杂。当她小学毕业，不再被同学欺负时，特蕾莎开始听到头脑中的声音。这些声音其实是她自己的想法，只是来自她的另一个心理面。但这些想法对她来说太陌生了，她几乎不认得它们，她和它们之间联系太少，她如此强烈地排斥它们，以至于她觉得这些声音或想法不属于自己。

听到脑海中的声音是很常见的一种现象，并不是只有精神病患者或者大脑有问题的人才会有。当然，如果有人发现自己有这种情况，最好还是去看看精神科医生，好好检查一下，因为可能有多种医学的、神经学的或精神病理的原因导致这种现象，而且每种情况的疗法都不相同。但在很多情况下，那些身体上的原因都被排除了之后，听到声音可能只是因为自己过去经历过一些创伤。

如何与内在和解

这类声音有各种各样的特点。有时候，它们就像真的声音一样，不管是在脑海里面还是外面，都能听得很清楚。有时候，它们又像是我们自己的想法一样。我们可能会觉得这些声音和我们认识的某个人很像，就好像这个人成了我们大脑的一部分，或者我们可能会觉得这些声音来自某个外在的东西。比如，一个很凶的声音，可能就像是我们记忆中很凶的爸爸的声音，我们可能会觉得它像一个怪兽或者魔鬼，一直住在我们心里。有时候，我们甚至可能会看到一些画面，和那个声音很配，或者感觉好像那部分的自己就在我们身体外面。这些并不意味着我们疯了，它们只不过是一个信号，表明我们需要开始一个和内心所有事物和解的过程，包括那些声音或想法所来自的地方。

当一个人的内心世界四分五裂时，可能会感觉到自己身体里有不同的“小人儿”，这些“小人儿”可能会通过内心的声音表达出来，也可能不会。它们可能代表了我们不同年龄时的样子，反映了我们各种各样的情绪，或者是我们生活中遇到的人或其他东西。通常，这些不同的“小人儿”之间会有冲突，它们消耗了我们的能量，给我们带来了很多麻烦。这种内心冲突是那些经历了很多创伤的人常有的感受。他们经历了太多痛苦的事情，这些事情单拿出来就已经让人很难承受了，更别说加在一起了。

要接受这样一个事实非常困难：那些本应该最爱我们、我们最应该依赖的人，竟然伤害了我们。背叛是对人体最具有破坏性的行为，因为它来自那些我们最信任的人。这种背叛让我们的内心破碎，严重影响了我们对他人的信任。我们的心理就像被打碎的拼图，碎片散落一地，很难再拼凑起来。

但把这些碎片重新拼凑起来，却是恢复的必经之路。每一片碎片都是重要的。即使是那些最不友好的声音，那些我们最想否认、最不像自己的部分，如果我们能找到它们的积极之处，也能对我们有所帮助。一旦熬过了那段让我们心灵破碎的时期，我们就可以重新审视每一片碎片，找出它们的价值。把所有碎片的优点集合起来，我们会得到一个全新的、更完整的、更坚固的自我。我们不会变得像那些伤害我们或没有好好照顾我们的人，相反，通过接纳我们最不喜欢的那部分自我，我们会变得越来越不像他们，开始真正成为我们自己。

那些最充满敌意或批判性的方面，可以变成我们的自我保护能力。一旦我们学会如何合理地表达愤怒，为自己发声，保护自己不受伤害，争取对我们来说重要的东西，这些方面就可以为我们所用。尽管最初这些方面可能是模仿了那些攻击性强、要求过高、控制欲强的人，但如果我们接纳并整合了这些方面，它们就可以发展和改变，变得更像我们自己，而不像最初塑造它们的人。

当我们感到更加安全和自信时，内心深处那些最敏感、最脆弱的部分，就会开始与其他人建立联系，感觉到与他人的亲近。重要的是，我们不能对自己生气，责怪自己内心中的那个“小孩”，因为在小时候表现得脆弱，没有好好保护自己，或者让自己遭受了虐待。责怪自己只不过是在重复童年时经历过的那些事情，我们需要改写自己的人生剧本。

如果心理非常分裂的话，我们可能会体验到各种各样的内心部分。这些部分中有一些可能直接与人生的某个阶段或某个记忆有关，它们可能会重复某个人的行为，或者反映出我们曾经想成为的那种人，等等。无论如何，这些部分对我们来说都有特别的意义。但即使有些部分看起来和我们没什么关系，或者我们觉得它们和我们的经历联系不上，只要我们从自己的整个人生经历来看，它们都是讲得通的。

举例来说，我们内心可能有一个“小女孩”的部分，代表了我们生活发生巨变之前的状态。有时候，我们可能会觉得自己就像那个充满希望的小女孩，或者在脑海中听到她的声音。我们的大脑以某种方式保留了这个定义了我们很多年的状态，尽管我们以为已经失去了它。我们内心可能还有一个部分，会否认记忆中的任何事情发生过，或者坚称我们没有生病、没有问题。如果我们不得不在充满冲突和痛苦的环境中成长，假装一切都好，或者和自己无关，这其实是一种保护自己的方式。

此外，我们内心可能还有一些部分，代表了生活中的不同年龄或不同阶段，因为那些阶段可能发生了一些阻断我们成长的事情。我们虽然继续生活，但好像有一部分的自己被永远困在了那个时候。

那些事情的记忆，它们的严重性，或者与之相关的情绪，可能一直储存在我们大脑的某个部分，只有当我们开始面对那个阶段的自己时，这些记忆才会重新浮现。无论我们脑海中的声音、想法或冲动看起来如何，它们的存在都是有原因的，我们康复的道路就是要和内心的所有部分和解。那些看起来最陌生、最奇怪、最不像我们自己的部分，其实是最需要我们去理解和接纳的。

当然，要找出我们内心每个部分的积极作用，理解我们听到的声音、我们的想法或冲动背后的意义，并不是一件容易的事。但我们可以通过问自己一些问题来帮助自己。请看下面这些例子。

我们脑海中的声音或者想法，或者说我们内心感受到的那些部分，它们跟谁比较像？如果这些声音或想法摆脱了过去的模式，开始有了新的变化，它们会不会换一种方式对我们说话？

比如说，我们可能会不停地回想起曾经施虐的前夫对我们的侮辱。这不仅仅是回忆起他当时说的那些话，因为有时候那个声音还会评价我们现在正在做的事情，说我们是没用的人，说我们一文不值。这是一个很强势、很专横、很严厉，充满了愤怒的声音。这个声音和前夫很像，但又不完全是他，因为这是来自我们自己内心的声音。

那种严厉和愤怒，如果能为我们所用，其实是一件好事，因为它可以帮助我们保护自己，不再让别人以同样的方式伤害我们。当然，要接受这个声音可能会很难，因为它会让我们想起和前夫在一起时那种害怕的感觉。但要记得，这个声音是在我们自己的脑海里，它属于我们自己，它可以摆脱过去形成它的那种模式，变成一个新的样子。随着时间的推移，这个声音可以成为我们的朋友，站在我们这一边，帮助我们。

这部分的主导情绪是什么？我们人类为什么有这么多不同的情绪？我们该如何感受和表达这种情绪？我们可以做出哪些改变来实现这一点？

人的脑海中有时会冒出一些想法，告诉我们应该自我了断。但实际上我们并不想这么做，我们得努力抵抗这种想法。这感觉就像是我们回到了小时候，想象自己是个七岁的小女孩，羞愧地低下了头。回想一下，七岁那年我们经历了什么？然后记起来，那时候自己被一个邻居性骚扰过。这件事我们从来没和别人说过，直到今天我们还告诉自己，这只是个小插曲，没什么大不了的。但是，我们还是需要检查一下，这段记忆是不是还在影响我们。

我们停下来，回想那件事，看起来好像没什么大不了的。但是，当看着那个七岁的小女孩，我们开始感觉到一种羞耻感。我们的第一反应是想要转移视线。但要知道，感到羞耻，这本身并不是一件坏事。那个时候我们还那么小，不知道怎么处理这种感受，肯定很难过。有一个这样的秘密，一定很让人焦虑。

我们想要逃避这种感觉，把它和恐惧、痛苦联系在一起，这是正常的。但现在，我们已经长大了，我们可以重新面对这些感受，理解它们。就好像有人第一次真正理解了那个小女孩，告诉她你没有做错任何事，那个男人的行为是错误的。我们注意到，羞耻感从那个记忆中释放出来，进入我们的意识。但我们保持头脑清醒，目光坚定。

当我们保持这种感觉，当我们重新面对那段记忆，和别人谈论这件事，我们让现在的“空气”吹散那些尘封的记忆，这样，那种感受就会慢慢消散。可能会有一些想法出现，比如觉得自己很脏、很坏，或者和别人不一样。但我们提醒自己，这些也是记忆的一部分，它们出现也是正常的。我们要理解，从我们深埋心底的这些感受中，也产生了一种想要消失的欲望。于是，一切都说得通了，我们感到平静。

实际上，我们并不想死。只是在生命中的某个时刻，我们的一部分被困住了，我们觉得还不如死了算了，消失可能比面对这些痛苦更好。幸好，我们没有真的那么做。现在，我们可以解决这个问题。我们可以救出那个被困住的自己，把她带到现在的生活中。现在的情况已经不同了，我们是成年人了，我们懂得更多了，我们可以保护自己。如果我们开始正常地谈论这件事，和那些能理解我们的人交流，那些旧的感受就会慢慢消散。

当我们在脑海中想象或者在纸上画出那个部分、那个想法或那个声音的形象时，我们看到了什么？我们觉得那个部分需要什么？我们如何才能给它（也因此给自己）它所需要的东西？

这个声音听起来很模糊，它总是说我们做不到，它在我们耳边低语“你一无是处”。每当我们尝试做某件事时，它总是在那儿阻碍我们。我们一边想着它，一边拿起一张纸，画出首先想到的东西。我们画出的像是一条蠕虫。

想一想，这种感受是否似曾相识……我们的思绪飘回到学校，回想起那些年一直欺负我们的孩子们。那段经历让我们完全陷入了停滞，我们无法向前迈进，无法学习。

考试时我们头脑一片空白，几乎挂科。家里人没有意识到发生了什么，他们以为我们对学习不感兴趣，于是给我们施加了更大的压力。那种一无是处、微不足道，觉得自己就像一条蠕虫的感觉，在那个阶段一直伴随着我们。

后来，我们转学了，到了高中我们表现得好像那些事情从未发生过一样。我们的行为方式完全不同了，我们换了不同类型的朋友，我们彻底改变了。从前那个阶段的行为模式被我们抛在了身后……但并没有真正消失。在生活中，我们取得了很多成就，我们感到自己很有能力，但那条小小的蠕虫代表了我们内心中仍然停留在那个阶段的一部分，就好像我们头脑中的那一小部分不知道我们在人生中取得了什么成就，变化发生得太快，它没有时间进化。我们看着自己画的图，想起那个在那些感受最为突出时的自己，我们记起我们其实能够做很多事情，我们有能力，生活并不是一直那么糟。

我们在画的周围加上了所有传递给我们其他信息的经历和人物。慢慢地，这幅画开始变得不同，我们内心的感受也开始改变。在那个时候，我们真正需要的正是这个：有人能够看到更深层次的东西，意识到我们正在经历的事情，并告诉我们他们对我们有信心，他们知道我们可以克服困难，他们会鼓励并保护我们。虽然当时没有发生这样的事，但现在我们及时地修复我们的感受。

我们不想被这些内心的声音或想法的表面现象所迷惑。它们可能会给我们带来一些不好的结果，但它们实际上是在追求什么？我们怎样才能不给自己找麻烦，同时满足它们的需要呢？

这是我们内心最难听的声音，它对我们大吼大叫，把我们搞得晕头转向，听到它就让我们害怕。它就像一个住在我们心里的怪兽，想要毁掉我们，想要把我们拉到它的阵营，诱使我们去做坏事。但我们要明白，它也是我们的一部分，我们想不出它有任何好的意图，但它的存在一定是有原因的，因为大脑把它保留了下来。我们和它斗争了很多年，而且越是斗争，情况就越糟糕。我们需要面对这个声音背后的东西，不能被它的可怕外表所迷惑。

我们听听它对我们说了什么，然后把这些话在我们的日记本上写出来。我们会发现，所有的脏话和侮辱其实是在警告我们提防当前的伴侣。我们当前与伴侣的关系其实是有问题的，但我们觉得这是因为自己经常发脾气。当这部分情绪控制了我们，我们就无法控制自己。有时候，我们会捶墙以免伤害到别人。在那种状态下，我们只想要控制一切，摧毁一切，对伴侣没有任何爱意。

但我们回想一下，在这种情绪爆发之前，发生了什么。我们意识到，我们最不能忍受的是伴侣告诉我们该做什么。说实在的，某种程度上我们似乎是在故意挑衅，因为我们总是把该做的事情拖到最后一刻，或者我们“忘记”去做，导致伴侣不得不多次提醒我们，而自己每次也会感到更加不耐烦。我们通常很早就预见到了这种局面的到来，但我们没有做任何事情来阻止它。这些感受是不是似曾相识？

贴近自我，倾听内在声音

事实上，母亲通常是非常强势的人，她严厉地行使她的权威。当她打我们的时候，她的眼里充满了巨大的恨意，像失去了控制一样。随着我们的成长，我们学会了反抗，回击她的打击。我们只有以同样的暴力回应，才能让她停止。从某种程度上看，这似乎是我们挑衅伴侣的目的，让伴侣最终变得固执和粗暴，好像我们在推动伴侣按照相同的剧本行事，扮演与我们互补的角色。大脑是奇怪的，它倾向于走熟悉的路线，就好像按着原路折返，想让事情以另一种方式结束，结果却总是重蹈覆辙。

在青少年时期，我们的怒火失控，其实在某种程度上保护了我们，阻止了一些事情发生。然而，所有积压的痛苦却引发了无法控制的反应，不管我们发多大的火，痛苦还是不会消失。我们意识到这一点后，开始好好思考。我们真正感到痛苦的，不是那些挨打的时候，而是我们感觉到的从母亲那里缺失的爱。我们一直抱着愤怒不放，因为那是我们和她唯一的联系。现在，和爱我们的伴侣在一起，我们不知道如何打破那个模式，也就是我们最初形成的依恋方式。我们开始理解自己内心的那个“怪兽”，可以看到它里面有什么，可以理解我们一直忍受的痛苦和严重的缺失。只有这样，我们才能真正开始改变，我们可以不再只是自动反应，而是有所意识，掌控局面。

这个过程的第一步是我们要学会承担责任，不把事情拖到最后，这样就不会因为延误而受到责备。我们也要引导伴侣用一种不会让我们反应过激的方式来沟通，让我们能够更好地接受。我们向伴侣谈论过去的经历，以及这些经历是如何影响我们的。我们对彼此要有耐心，共同努力，一起向着改变的方向前进。

我们不应该只是试图把涌入脑海的那些想法、声音或冲动赶走，而是要学会倾听自己的内心，理解自己的每一个方面、每一个细节。有时候，我们太忙于控制自己的感受，或者想要摆脱它们，却忘了停下来，好好和自己聊一聊。要做到这一点，很重要的一点是不要只看表面，因为事情往往不像看起来那么简单。就像在长时间的争执后尝试开始对话一样，重要的是要愿意倾听，并且引导谈话的方向，避免偏离到老生常谈的对话。我们需要改变自己的偏见，质疑自己的许多想法。

当为了一个共同的目标而团结起来时，最大的敌人可以变成朋友。在这种情况下，合作更容易，因为不要忘记，我们脑海中的一切都是我们自己的一部分。即使是那些我们觉得陌生或不舒服的部分，也是我们自己。总有一天，所有这些部分都会明白，我们在同一条船上，为了控制权而争斗只会让我们在原地打转。我们会意识到，我们真正追求的深层目标其实是一致的，因为人类天生就追求幸福和建立有意义的关系。有很多事情要做，所以开始行动很重要。

如果你正在阅读本章，并且在其中看到了很多自己的影子，如果你感觉到内心有很多部分在争夺主导权，那么必须寻求专业人士的帮助。如果周围有心理健康的人，他们当然会是一个重要的支持。如果你决心改变自己，你就拥有了实现改变的关键因素。心理治疗在引导你完成这个过程中通常是必要的，但它并不排斥其他资源。

第 *9* 章

与自己作对，你肯定不会赢

我学会了让我的心灵变得像宇宙一样宽广，
这样就能容纳各种不同的想法。

——汤婷婷（Maxine Hong Kingston），
美国华裔作家

想想看，右手和左手打架有什么意义呢？两只手一起工作肯定比只用一只手做得更多。我们为什么要限制自己的潜力呢？为什么非要选择要么表现得很脆弱，要么去保护自己？为什么非要决定是理性思考更重要，还是情感更重要，或者只关注部分情感，而不是拥有一个更丰富多彩的内心世界呢？然而，我们常常不自觉地这样做，却没有意识到这不仅对自己没有帮助，而且也是做不到的。

我们不能否认自己内心的任何一部分，因为它们就是我们的一部分。试图摆脱、排斥、回避、压抑或麻痹内心的某个部分，通常会适得其反。那一部分会留在我们心里，而且我们会阻止它成长和变成更好的自己。它会一直按照旧的方式刻板地运行，我们会继续在本来可以轻松应对的情况下感到困惑。只有通过重新接纳内心的每一个部分，让它们自由发展，我们才能实现我们想要的改变。

正如之前所说，对自己个性某些方面的排斥通常源于以往重要的人际关系。在很大程度上，我们是按照别人看待我们的方式来看待自己的。但一旦我们习惯了那种看法，它就变成了我们自己的看法。我们可能会觉得事情本来就该这样，没有别的可能。

实际上，这种内在的冲突，说白了就是一道非此即彼的错误选择题。换句话说，就像我们不是用整个字母表来书写，而是被困在试图决定 A 和 Z 哪个更好的问题上。显然，我们需要所有的字母，我们问自己的这个问题根本没有答案。要解决这个问题，我们需要改变问题本身。

新的问题应该是：我们不喜欢自己的这个部分有什么好的地方？虽然一开始我们可能觉得很难想到，但再往深了看，总有一些好的方面，这一部分最初就是为了一些好的目的而存在的。是我们和周围的人一起，塑造了它现在的样子。最开始影响我们的是和我们生活在一起的人，但我们自己也一直在维持这一部分的状态。是我们对它的排斥，我们和这部分自己的冲突，阻碍了它的发展。没有了我们和自己内心的冲突，构成这一部分的材料就可以像橡皮泥一样完全改变形态。我们需要做的，就是帮助它改变。

那我们该怎么做呢？这件事既简单又复杂。每个人的每一部分，所需要的其实很简单，也是所有人都需要的东西，即被无条件的爱所包围。关键是，要有人能够深刻地理解我们，接受我们，包括我们的缺点，并且知道我们是谁，我们能成为什么样的人。因此，当我们能够用新的眼光看待我们自己的每一部分，理解它，照顾它并接受它，即使是对我们来说最陌生的东西也可以被整合，从而开始进化。当我们长大后，真正重要的是我们自己看待自己的方式，是我们自己对内心的观察。

好斗的一面

比如说，如果我们有一股自己不愿意承认的怒火，或者一个更复杂的、有时候能左右我们情绪的愤怒部分，或者头脑里有一个声音，它骂我们或者说一些让我们去做我们不想做的事情，我们始终要记住，这部分的存在肯定是有原因的，而且我们可以理解它是如何形成的。我们可以回想过去，看看这部分是从哪些经历中学来的。我们也会看到，随着生活不断给我们呈现类似的情况，这部分是如何在我们的内心不断积累的，而由于被阻塞，我们无法以其他方式应对。

很多在复杂环境中长大的人会说："好吧，小时候我是没办法，但我长大后还是这样，这让我不能原谅自己。"我们忘记了，如果我们不承认也不处理自己的愤怒，它其实保护不了我们。不管是控制不住地发火，还是把怒火压下去，让自己内心受苦，这对我们都不好，因为我们在和愤怒作斗争，我们没有和它站在一边。

如果总是试图控制自己的愤怒，不管发生什么，哪怕生气是正常和健康的反应，我们就会持续忍受一些对自己不利的事情。我们可能因为害怕失控而不让自己生气，或者因为不想面对冲突而不去解决问题，或者因为不知道如何处理冲突，害怕惹怒别人，便把自己的愤怒压下去。但是，没有表达出来的愤怒会一天又一天地积累，最后我们可能会突然失去控制，爆发出来，造成一些我们不想看到的后果，或者制造出过多的紧张，最后导致自己生病。

要改变这一点，我们需要学习一些新的应对方式。我们可以看看自己认识的人，他们可能知道如何以不同的方式处理自己的愤怒，比如在需要的时候能够坚定地站出来，但又不会失控。他们知道如何拒绝别人，当别人想要伤害他们的时候，他们知道如何保护自己。一旦学会了，愤怒就会成为我们的盟友。实际上，它会重新找回它本来的作用——保护我们，我们会更好地利用它，它也会发挥出最好的作用。它会和我们在外面看到的那些失控的或者有害的愤怒很不一样。我们会以自己的方式感受和表达愤怒。

脆弱的一面

同样，我们也可以和自己脆弱的部分和解，比如悲伤或者生活中某些时候感受到的痛苦。我们必须把这些部分放在一边，因为如果一直沉浸在这些情绪中，我们就无法继续生活。可能我们的伤痛甚至会让我们想起生命中一些重要的人的痛苦，看着别人痛苦对我们来说可能是无法忍受的。我们不知道如何处理这些情绪，不知道该怎么办。

如果我们一直逃避这些脆弱的部分，最大的问题就是，别人将无法真正了解我们，我们也无法真正和别人建立联系。尽管我们可能会告诉自己这样更好，因为如果不让别人看到真实的自己，不和别人建立深厚的关系，就不会再有人能伤害我们。但事实上，我们正在对自己造成伤害，这种伤害比任何人带给你的伤害都要严重。我们是在剥夺自己“呼吸”的空气，在自己建造的围墙内窒息。一个人能经历的最可怕的事情之一，就是他生命中重要的人无法理解他，无法满足他的需求。缺乏联系是最糟糕的事情，而我们自己可能会在内心深处做出类似的事情，和自己失去联系，与别人隔绝。

再来看看健康的例子。有些人愿意和别人建立联系，尽管他们知道，那些他们在乎的人有时候可能会让他们失望。他们愿意承受生活中不可避免的痛苦。他们照顾自己的伤痛，直到伤痛消失，然后继续前进。确实，如果我们成长的环境有问题，我们可能没有太多可以作为健康参考的例子。但如果仔细观察，我们肯定能在认识的人中找到一些例子。我们可以向他们学习，改变自己的应对方式，让我们脆弱的部分也能从他们那里学习。

照顾他人的一面

如果童年时期的依恋关系是混乱的，孩子们会试图在不稳定的反应中找到一些控制感。他们可能会变得对照顾者有攻击性，或者相反，专注于照看照顾者。这在照顾者持续生病、焦虑或抑郁，无法满足孩子需求时很常见。在这种情况下，孩子们会开始担心他们的照顾者。这些孩子可能会继续通过照顾他人来建立联系，将同样的模式投射到他们大部分的关系中。

如果我们在这种模式中看到了自己，我们就可能有一个非常发达的照顾者部分。我们会全身心地投入照顾别人，很少关注自己的需求。我们会在照顾别人时感到更舒服，而不是被别人照顾，尽管在我们内心深处仍然有一个从未被满足的渴望，那就是作为一个孩子被爱、被照顾、被周围人满足。

这种被爱的需求很难被满足，因为我们总倾向于与符合我们照顾者角色的人相处，他们更倾向于让我们照顾或要求我们关注。此外，如果有人试图帮助或照顾我们，我们的系统并不习惯于这种自己不得不放弃的位置，我们会感到不舒服，怀疑或不允许自己这样做。基于照顾建立联系的问题在于，这不是一种完全令人满意的关系（尽管它可能看起来不错），而是真正与他人建立健康联系的替代品。由于没有建立一个健康的依恋关系，我们无法内化一种自我调节和自我照顾的模式，无法让自己在与他人的关系中保持独立，我们会感觉如果自己停止照顾，我们就会一无所有。如果我们不努力恢复自己的内在系统，情况确实如此。

通常，这种模式下的人会认同自己的照顾者角色，这并不是一个被排斥的部分。这样我们就容易到最后感到筋疲力尽，要么是因为我们总是满足别人所有的要求，甚至更多，要么是因为我们总是忽视自己的需求，或者放弃满足它们。在情感上，我们付出的比得到的多。我们可能会意识到出了问题，会因为自己总是这样付出而感到难过，会因为太累而减少和别人的互动。

然而，这种模式仍然存在，我们仍然认为自己应该无条件地为别人付出，当别人不按照我们的方式行事时，我们会感到生气。这种愤怒也和我们过去不得不压抑或否认的愤怒有关，因为我们总是牺牲自己。如果意识到这一点，我们就不能再继续扮演照顾者的角色，但这种被压抑的愤怒最终会变成怨恨、痛苦和不满。

我们可能意识不到，我们会对那些我们期望得到他们感激的人提出批评。比如，当他们来看我们时，我们会因为他们不常来看我们而感到不满。虽然我们可能什么也没说，但我们的表情最终会让别人感到他们做得不够好。然而，这种感觉并不会促使他们以感激和关怀来回应，即使他们这样做了，也不是真心的，而是被迫的。我们都陷入了一个困境，越是挣扎，就陷得越深。

如果我们识别出这三个部分——好斗的、脆弱的和照顾他人的，那么改变的过程就需要让这三个部分都保留下来，同时改变它们的导向方式。怒气应该停止向内发泄，不再以自我批评或自我攻击的形式出现。我们要停止因为自己的脆弱而辱骂自己，不再强迫自己总是关注别人。这种愤怒应该向外转移，以履行它的保护功能，保护我们免受他人伤害，争取所需。相反，我们照顾他人的部分应该转向内在。这样，它就会帮助我们开始更多地照顾自己，看到自己的需求并满足它们。通过这种方式，痛苦将会减轻，情感缺失的感觉将会减少，我们通过更好地保护自己来预防未来的伤害。正如我们所看到的，一个健康的系统由相同的部分构成，只是它们的排列方式不同。

这一切可能有很多细微的差别，我们可能会注意到自己内心不同部分之间有很多不同的反应，我们可能会对某些部分感到排斥、害怕、愤怒或羞耻。但无论我们不喜欢自己的哪一部分，它都有成长和发展的可能。如果不把内心的所有部分整合起来，我们就会感到不完整，就像身体如果没有肺或心脏就不能正常工作一样。身体里的每个器官都有它独特的、不可或缺的功能，心理层面也一样。能够认识到内心最深处、最被排斥、最不被认可的部分中所蕴含的资源，对我们的心理健康至关重要。

我们个性的每个方面都有它存在的意义，它们相互平衡，共同调节我们的内在运作和外部行为方式。每一部分都是现实的一个细节，是我们过去历史的一个片段，也是当前发生事情的一个组成部分。在每个部分中都有宝贵的资源。我们的工作就是发现这些资源，解锁它们，让它们从冲突转变为合作，从斗争转变为谈判，从竞争转变为团队合作。

这是一个关于集中力量、能量和资源的问题，而不是分散它们。如果我们在路上遇到障碍，不知道如何去克服它，那么最没有意义的就是开始朝相反的方向努力。更好的办法是坐下来讨论我们的想法，如果不知道如何做到，就寻求建议，请求帮助或寻找工具，如果我们的力量不足，一旦决定了策略，就要朝同一个方向努力。

花时间做这些不是浪费时间。能够为此进行协调的团队，在再次需要合作时将能够更加流畅地运作。

第 *10* 章

过度保护会让你伤得更重

如果你手里只有一把锤子，
那你会觉得任何问题都像是钉子。

—— 亚伯拉罕·马斯洛（Abraham Maslow），
美国著名社会心理学家

想象一下，如果我们把一只兔子和一只猫翻过来，让它们肚子朝上，我们会看到两种截然不同的反应。一只认为我们不会伤害它的猫，会让我们摸它的肚子，而且会显得很放松。它会发出呼噜声，享受我们的抚摸，对我们的触摸有积极的反应。但兔子的反应就完全不同了，它会一动不动，四肢僵硬，眼睛直勾勾的，好像进入了一种恍惚状态。它虽然不动，但并不是放松的状态。

为什么会这样呢？兔子是吃草的，在食物链中处于较低的位置，它们通常是捕食者的目标。当感到有危险时，它们会保持静止，因为装死可以让捕食者失去兴趣（正如在前几章中解释的）。这种反应在兔子身上很容易发生，因为兔子很容易感到害怕。它们的恐惧让它们变得谨慎和警惕，这有助于它们生存下来。对于兔子这样的动物来说（它们没有熊的力量，也没有狮子的尖牙），逃跑和被捕时的静止，是帮助它们在自然界中生存的有效本能。

猫科动物则相反，它们是捕食者，即使生活在家庭环境中，它们仍然保持着相同的反应。猫允许我们抚摸它，因为它有爪子和牙齿，并且知道如何使用它们。如果接近它的人被视为存在威胁，猫会展示它的武器，露出牙齿，伸出爪子。如果它和它的主人或家人在一起，它会将爪子收在柔软的肉垫里，摸起来很舒服。它可以在几毫秒内从发出呼噜声变为抓和咬，即使露出肚子，它也感到完全安全。猫允许自己在这种姿势下被抚摸，因为它知道它可以保护自己。

人类在进化过程中，保持着与爬行动物和其他较低等哺乳动物以及灵长类动物相似的反应。所以我们有很多保护自己的本能，这些本能会在我们感到威胁时自动启动，由我们的神经系统控制。

当我们还是小孩子的时候，我们只能像兔子一样反应。我们没有成年人的力量、权威。就像家兔一样，在家庭和学校里，我们无处可去，也没有其他人可以求助，只能依靠照顾我们的人。要过很长时间，我们才能在生存、照顾自己以及调节情绪方面变得独立。

本能告诉我们，在家庭或学校里遇到攻击时，最好的自保方式就是保持静止，不反抗，听从对方的话。毕竟，一只兔子怎么可能和狮子对抗呢？这根本不现实。所以，我们的神经系统自然而然地排除了反抗这个选项。

然而，我们内心也有一只猫。我们成年后可能会表现出来的反应，其实在小时候就已经存在于我们的神经系统中了。这就是为什么当我们遇到威胁的时候，我们的本能反应是反击，但有时候在我们意识到之前，这个反应就会停下来。这也是为什么当我们遇到严重的敌意或攻击时，我们的愤怒会被压抑，恐惧和逃跑的本能也会被激活，然后被压抑。

在童年时期，或者当我们被困在无法逃脱的情况下时，比如战争，无论是身体上的还是情感上的，我们无法采取积极的保护反应，这些反应会被自动取消，而不需要我们有意识地做决定。

这个现象对于很多人来说很重要，尤其是那些因为没能在困难面前离开或者反击而责怪自己的人。如果我们用不上战斗或逃跑的本能，并不意味着我们更弱，我们只是在遵循人类以及所有祖先的智慧。我们在小的时候，不可能像成年人那样反应，这是很正常的，我们不应该为此责怪自己。

同时，战斗或逃跑的反应很多时候会一直被阻碍。当困难的情况结束之后，我们在人生的其他阶段遇到类似的情况时，即使现在我们有可能做出积极的反抗，但这种反抗的本能还是会被阻碍。我们本可以反击，可以说不，可以在别人说让我们不舒服的话时坚定地站出来，但我们可能还是会选择不这么做，或者我们可能害怕这么做。

我们本可以换个伴侣，找份新工作，远离我们的父母，和其他人建立联系，但我们可能还是会像没有选择的小孩子一样，被困在那些关系里。我们本可以保护自己，但我们可能会感到不安全。

人类还有一个比其他动物发达的能力，那就是深思熟虑的能力。我们可以思考我们正在经历的事情，并预演一些超出本能反应的行为。但在面对威胁的时候，我们往往没有时间这么做，我们会本能地做出最原始、最自动的反应。这是生存的本能。

有时候，在经历了严重的或者持续的创伤之后，我们的理性可能会和我们作对，严厉地批评我们没有反应，因为我们允许了这种创伤的发生，或者因为我们没有克服阻碍而责怪自己。这样的自我批评，不仅不能帮我们解决问题，反而可能让问题变得更严重。如果童年时期的依恋关系有问题，我们反思自己感受和行为的能力就会受到很大影响。

识别各种自我保护反应

人类有非常复杂的神经系统，这让我们能够产生很多更加复杂的自我保护反应。我们的大脑总是试图保护我们免受它认为有威胁的事物的伤害，哪怕这种威胁来自我们的内心。如果长时间生活在一个充满威胁或者敌对的环境中，我们可能会发展出很多方法来减少伤害，比如一直处于防御状态，或者有一些固定不变的反应模式。

在任何情况下，我们保护自己的方式可能都不是最合适的。但即使这些保护机制可能时机不对，不符合实际情况，或者有点过激，它们仍然是我们为了保护自己而采取的措施。在某个特定时刻，它们可能是我们能想到的最好或者唯一的办法。

接下来让我们看看不同的自我保护反应。从广义上讲，这些都可以被看作是我们保护自己的方式。这其中有些是我们本能的防御反应，虽然被压抑了，但仍然存在。还有一些是我们在无法保护自己免受与他人交往带来的风险，或者无法面对自己的情感时，会采取的替代措施。我们需要更加了解自己，更加了解这些反应是如何在不同的情绪状态或外部刺激下被触发的。这些防御反应是之前提到的情绪状态串联序列的一部分，但并非主要感受，而是对这些感受的反应。下面就是各种反应的详细描述。

我是唯一那个……

我有别人没有的价值观。只有我才会说实话。只有我是真的在乎事情或者关心别人。只有我才会在乎把事情做好。虽然因为某种原因有时候我不会这么说，但当我告诉自己众人皆自私，没人真的在乎别人，人们都没有正确的价值观时，我其实在暗示自己是例外的，也就是说，我是唯一或者少数几个真正有价值观的人。

我应该得到……

我觉得我应该得到补偿，因为我经历了那么多事情。人们应该理解我，应该支持我。当我需要帮助的时候，他们应该在我身边。我也没意识到自己对其他人的要求很高，我总是觉得这是他们应该做的，好像我遇到的人都欠我的，应该给我他们之前没给我的东西。我会大声或者在心里责怪别人对我不好。

我是领头羊

我特别喜欢赢的感觉，喜欢比别人做得更好。我非常喜欢竞争，对我来说，比赛中拿第二名就等于失败。在和别人的关系里，我一定要当老大，一定要由我来做主。我觉得掌控一切的感觉棒极了。我相信我有能力领导别人。在有的地方，这种心态可能会受到赞赏，但有时候我不会公开表现出来，甚至我自己也不会承认。

我总是比别人强

在很多事情上，我比别人做得好很多，虽然别人可能并不总是认可这一点。有时候，人们会因此而嫉妒我。我特别不喜欢那些明明比我差的人却比我更成功。我可能不会直接说我比别人优秀，因为那样看起来太自大了，但我会把别人说得一无是处。这样一来，如果周围的人做事不如我，知道的没我多，或者能力没我强，我就能在他们中脱颖而出。如果发现自己很少批评别人，那么我们很可能不自觉地表现出这种倾向。

我不太相信别人

我总是觉得别人会让我失望，我会特别留意小细节，一旦发现有什么问题，我就会彻底否定那个人，并证实我的想法。有时候，我会主动寻找别人背叛我的证据，或者考验别人。我好像有一个一直在工作的扫描仪，我永远都不会放松警惕，也不会掉以轻心。我觉得每个人都有可能是坏人，这个世界上一个人也不能信任。

我总是在屈服

我很容易在别人面前屈服，或者接受一些我不想做的事情，以此来避免冲突、报复或被抛弃。面对别人的要求，我总是让步。如果有人特别强硬，我就会去取悦他们。我告诉自己我不喜欢争论，所以我会按照他们说的去做，或者支持他们的观点，即使我并不真的认同。我甚至可能会开始怀疑自己的想法，并接受别人的看法。

我总是先人后己

我总是把别人的需求放在自己前面，牺牲自己的需求。我觉得最重要的是让身边的人开心，不让他们受伤。如果我只顾自己，或者不关心别人，我就会觉得自己很自私。我做的一切都是为了让周围的人高兴，我觉得让他们幸福是我的责任，我自己的幸福相比之下就不那么重要了，或者应该先放一放。

我觉得自己不可或缺

我相信，只有我亲自出马，事情才能顺利进行。我觉得，除非我亲自监督，否则事情要么会出错，要么根本做不成。我必须亲自处理所有事情，因为即使别人很用心，也达不到我的标准。对我来说，与其担心别人是否在做他们应该做的事情，还不如我自己来做更省事。

我严格控制自己

我必须时刻控制自己的感受、想法和行为。我会把它们压抑下去，或者因为有这样的感受而自责。如果我放松了对自己的控制，我担心一切都会乱套，我可能会失去控制，这是我极力避免的。我告诉自己应该有什么感受，不应该有什么感受，我不允许自己偏离这些规则。我压抑自己的感受，扼杀自己的愿望，把它们推到一边，藏在心里。我还需要一切都在控制之中，我希望事情能有条不紊，我能预见到接下来会发生什么。我尽量避免不确定性。

我对自己要求很高

我给自己的压力太大了。我不允许自己犯错，我必须全力以赴。我觉得自己的责任比自己的需要更重要，我必须尽我所能做到最好。我总觉得自己做得不够好，总有改进的空间，总有做得更多的可能性。即使有时候我会感到筋疲力尽，或者在某些时候维持这么高的要求是不现实的，但要我降低标准在我看来是不可接受的。

我不能接受不公正

我受不了那些犯错或事情做得不好的人不承担后果。当人们不尽职尽责时，我会感到愤怒。我不能容忍事情做得不好。我不能接受不公正或随意，我不能忽视这些情况。当有人把事情搞砸并因此承担后果时，我会感到高兴，我认为这才是正常状态。

我把自己封闭起来

为了让其他人无法靠近我、伤害我，我筑起了一堵没有人能够穿越的墙。我尽量不让外界的事物影响我，不让自己投入，或者让别人了解我。我的墙由许多材料构成，包括排斥他人，对别人想要接近我的行为持怀疑态度，或者故意做一些让其他人疏远我的事情。我对任何私人问题或者别人的接近都保持距离。我总是和别人保持一定的距离，与他人的关系仅限于表面，如果别人想要更深入地了解我，我就会切断这段关系或者抽身离开。我更喜欢远远地观察世界，不想卷入其中。

我攻击别人

当我感受到威胁时，我会反击。我可能会批评、侮辱、大声吼叫，或者用其他不那么明显的方式攻击别人，比如，说一些伤人的话，或者干脆不理那个让我不高兴的人。无论是哪种方式，我都是在用伤害回应伤害，或者试图阻止别人伤害我。有时候，我会先下手为强，因为我预料到如果我不这么做，别人就会占我的便宜。其他时候，只要别人的态度让我感到不舒服或受到威胁，我就会立刻反击。很多时候，我自己也不清楚是什么触发了我的反应，因为这是一种本能的反应，来得太快了。

我自责

我对自己非常严格，总是批评自己。我可能会因为自己不够好、做事的方式或者自己的想法而责备自己。有时候，我甚至觉得自己不应该存在于这个世界上。如果别人责备我或评判我，我会觉得受不了，这对我来说太过分了。但是，最严厉的批评其实来自我自己。

我照顾别人

我非常乐于照顾别人，做这件事让我感到快乐。我喜欢照顾别人，因为这就是我的个性，我天生就喜欢关心别人。在很多关系中，我都扮演照顾者的角色。即使别人不感激我，或者没有意识到我最终会感到疲惫，我也无法改变这种倾向。被别人照顾，对我来说是很不习惯的，当我生病或不舒服，需要别人照顾时，我会感到很不舒服。有时候，我会因为别人没有意识到我为他们做了多少，或者毫不感激我而感到难过。

我总是守着那些不好的事情

当心情不好或者烦躁的时候，如果别人想帮我或者鼓励我，我会觉得很不舒服，因为我觉得他们根本不理解我，也不知道我现在有多惨。如果他们想拉我一把，我会拒绝。我不想做出任何改变，因为我觉得自己就是这样，改不了，我也不可能变好，因为我的情况就是这样。我对自己、对别人、对世界都有一些坚定的看法，即使这些看法让我不开心，我也不打算改变，因为我觉得我是对的。

如果停下来想想，一切真的都变好了我会怎样，我会有点不舒服，好像我不配拥有那些好东西，或者我害怕真的变好了，我反而会失望。我宁愿不去幻想那些好事情，这样我就不会失望。因为我知道，就算有时候情况好转了，过不了多久，坏事情肯定又会接踵而至。

我总是装模作样

我表现出来的样子，和我内心真正的感受不一样。我只表现出我觉得应该表现出来的样子，或者我觉得别人期待我表现出来的样子。我不想让别人看到我真正的情绪，也不想让别人看出我真正的想法和需求。我尽量表现得像其他人一样，尽量看起来像个正常人。有时候，我其实不太确定别人在这种情况下会有什么感觉，所以我会模仿其他人的行为，这样别人就不会注意到我的不同。

我总是抱怨

我总是想着那些发生在我身上的不好的事情，或者过去别人对我做了什么不好的事情。我一直在想我的问题，但我只是在脑子里反复想，从来没有想出什么解决办法。当别人对我说了什么让我不高兴的话，或者做了什么让我不高兴的事情时，我会一直想着这件事。我经常感叹自己运气不好。

我总是把所有事情都揽在自己身上

只要我能做到，我就把所有事情都揽在自己身上。我很强大，我从来不依赖别人。不管遇到什么情况，我都自己解决，我不喜欢向别人求助。不管这个负担有多重，我都自己扛着，从来不跟任何人分担。我觉得我不需要任何东西，也不需要任何人的帮助。

我把别人想得太好

我对别人、对自己解决问题的能力，都有一种过于美好的想象。我把事情、别人或者自己想象成我希望的样子。在我生活中的某些人身上，我很难看到他们的缺点或不足。我通过想象一个自己的版本来改变现实。有时候，我好像生活在自己的小世界里，这里的一切都是完美的。在这个世界里，有我希望他们如何对待我的人，有我理想中的家人、我梦寐以求的工作、我的灵魂伴侣和真正的朋友。我总是在拿现实和我的想象做比较。我用一些理论上的解决方案来解决问题，这些方案在实际情况中根本不可行，而且我总是幻想一个没有任何困难的未来，一切都很容易。

我让自己麻木

在同样的情境下，我可能不会有别人的那种感受。有时候，我的情绪就像被关掉了一样，无论是身体上的疼痛还是心里的痛苦，我都能让自己不去感受，或者突然间就让它消失。有时候，我甚至觉得自己好像没有情感一样。当我无法让自己内心麻木时，我可能会借助一些外在的东西来帮助自己不去感受，或者让自己的思绪和回忆消失，比如喝酒，吃药，让自己忙个不停，或者做一些需要我全神贯注的事情。

我逃避问题

我总是避开那些让我不舒服、害怕或者觉得自己处理不了的事情。有时候，我会一直拖，直到最后一刻，直到没有其他办法。我会找各种各样的借口，虽然这些借口其实都差不多，而且我心里清楚我是在自欺欺人，但它们给了我一个不去做的理由。我告诉自己我做不到，而不去验证。或者我会找到一件非常紧急的事情，对它优先处理，然后我觉得我有一个很好的理由不去处理别的问题。我可以有意识地避开一些事情，或者让自己在精神上或身体上生病，然后我觉得自己有了一个正当的理由不去做。

我放弃

有时候，我干脆放弃了，随波逐流，做一些甚至让自己感觉更糟的事情，虽然我意识到了，但我没有去阻止。当事情开始变得越来越糟时，我放开控制，任其发展。我告诉自己“我做不到”，没有质疑就相信了。我觉得“我不想做”，尽管这件事对我有好处或者很有必要，但我决定只做我想做的事情。我想做的事情并没有让我感觉更好，但我没有停下来反思，而是任由自己这样下去。我顺着滑坡往下滑，放开了手。有时候，即使我已经跌到了谷底，我还在继续往下挖坑。我觉得放弃比努力之后一无所获要轻松一些，因此不值得去努力。

提升心理韧性，让内心更强大

以上这些反应，有些是人的本能防御，比如攻击是保护自己时的一种反应，逃避是想要逃跑时的一种反应，屈服是当我们觉得打不过对方时的一种反应。当没有别的选择时，让自己麻木可以让我们不那么痛苦，比如之前说的兔子，当它感到有危险时，就会一动不动地像是进入了恍惚状态。这些反应都是我们为了保护自己而产生的，很多动物也有这样的反应。这些反应通常自动发生，出现得很快，可能你还没有意识到，它们就已经开始了。

有时候，这些反应不仅仅是用来保护我们免受外界伤害，更像是我们用来控制自己情绪的方式。还有一些反应是因为我们在成长过程中没有得到足够的关爱和保护，所以我们必须自己保护自己，比如我们可能会变成照顾别人的人。这些反应都是我们用来保护自己的，但是它们并不真的能帮助我们处理好自己的内心世界，也不能帮助我们和别人建立健康的关系。

它们就像备胎一样，紧急的时候可以用，但如果我们一直用备胎，不去修好车，那备胎也用不了多久。比如，逃跑对于兔子来说是一种很好保护自己的方式，但如果兔子对给它食物的人或者来帮助它的人都害怕，那逃跑就会变成问题。同样，回避问题会让我们越来越害怕困难，困难也会越来越大。

这些反应可能是我们意识到的，也可能是没有意识到的，我们可能会觉得这是自己的一部分，也可能觉得这些反应是我们不喜欢的或者我们不理解的。就像刚才说的那种想要照顾别人的感觉，可能是我们定义自我的一种方式，我们甚至可能会选择一个职业或者一个生活环境，让自己可以扮演照顾别人的角色。

在很多文化里，慷慨和无私都被看作是好的。我们可能不太愿意意识到，我们其实是希望别人感激我们或者回报我们的，因为这就意味着我们也是有私心的，这和我们对自己的认识可能不太一样。但是，当我们照顾的人对我们不好的时候，我们会感到失望，这就说明我们多少都在期待对方的感谢。

其他一些自我保护的方式，在社会和道德评价上也可能表现出类似的情况。比如，在一些商业环境中，如果你很有竞争力，喜欢掌控一切，这可能会被看作是优点。如果你是一个律师，喜欢赢，喜欢超越别人，这可能会帮助你赢得官司。如果你是一个街头帮派的成员，或者在学校里是那些捣蛋孩子中的一员，那么如果你很有攻击性，可能会让你在同伴中显得很厉害。

在政治团体中，如果你总是主张自己的权利，这可能会被看作是一种坚定的政治信念。在宗教团体中，如果你总是愿意牺牲自己来照顾别人，这可能会被看作是一种高尚的道德目标。我们自己对事情的看法，或者家庭中不成文的规则，也可能使我们更难识别和接受某些行为模式。但是，能够识别出我们内心中的这些模式是非常重要的。请记住，我们没有意识到的东西，比我们清楚感知到的东西，对我们的影响要大得多。我们只能改变那些我们知道存在的东西。

那我们怎么才能发现这些我们自己都没意识到的反应呢？一个间接的方法是想想我们最不喜欢别人做的那些事情。我们当然有自己喜欢的行为方式，这很正常。但是，如果我们特别不喜欢别人的某些特点，或者我们自己做不到的某些事情，这其实和我们自己的经历和性格有很大关系。我们特别反感别人做的一些事情，很可能在我们自己身上也存在。

举例来说，如果我们很不喜欢别人批评人或者看不起人，以至于我们总是对别人这样做感到很烦，可能就意味着我们自己其实也会在心里批评自己，比如我们可能会在心里对自己说："我真笨，我一无是处，我总是搞砸事情，我是个彻底的失败者……"别人对我们的批评可能会让我们心里特别不舒服，因为我们心里有一个声音在呼应这些批评。我们心里住着一个特别严厉的批评家，但我们往往只注意到别人对我们说什么，而忽视了我们自己心里的声音。这个内心的声音离我们太近了，我们可能甚至都没意识到它的存在。

在这一章里我们谈到的各种反应，其实都有它们积极的一面。比如说，觉得自己比别人强，可能是为了弥补我们内心深处的那种不被重视的感觉。控制别人，在有些事情上是好的，比如我们可以控制的事情，但如果我们试图去控制那些控制不了的事情，比如感情或意外事件，那就会给我们带来麻烦。就像之前说的，人的所有反应都是有原因的，都是为了帮助我们更好地适应环境。找到这些反应背后的真正原因，然后调整我们的反应方式，就是我们要做的。问题在于那些极端的、不受控制的、不合时宜的反应。心理健康的关键是平衡和灵活性。如果我们能够灵活地使用各种不同的应对方式，就更有可能有效地应对各种情况。

所以，如果我们看到自己身上有这些保护机制，我们就需要问自己几个问题。

- 我在保护自己免受什么伤害？
- 我是怎么学会用这种方式保护自己的？
- 它现在真的在保护我吗？
- 在这种情况下，什么最能帮到我？
- 我正在使用的这个保护机制有什么用？它是怎么来的？我能不能把它改造成别的东西？

就像我们之前讨论不同情绪状态时所说的，人类的任何反应都有它的作用，没有所谓的好或坏，关键在于我们的反应是否适合我们面对的情况。如果我们有一把锤子，那它最适合用来钉钉子，但它不能用来锯木板。如果一个保护机制是不恰当的、不合时宜的，或者它带来的后果比什么都不做还要糟糕，那我们就需要改变我们的自动反应，有意识地规划我们的反应。要做到这一点，我们需要先意识到这个问题，然后从不同的角度来看待它。在这个基础上，我们就可以开始尝试做出一些改变。

第 *11* 章

重新找回灵活性与行动力

只要相信行动即可，生活是在行动中发生的，
而不是在空谈中。相信行动。

——阿尔弗雷德·阿德勒（Alfred Adler），
奥地利心理学家

有个村庄被大火烧毁了，连森林和庄稼都被烧光了。村里的四位居民失去了谋生的手段，只能靠政府的救济勉强维持生活。有一天，一家人路过这个村子，他们有个小孩。小孩的父母和村里的居民聊天时，小孩就到处跑着玩，看起来没什么目的。过了一会儿，小孩拿着四个装满种子和小树枝的袋子跑回来，给每个村民都发了一个，告诉他们可以用这些种子重新种植，让植物再次生长。

第一位村民回到家后，就把种子袋扔了，因为他觉得没什么办法能解决他的问题,小孩的做法反而让他更加哀怨自己的不幸。第二位村民把种子都给了他的鸟，这只鸟是他唯一的伙伴，也是他生活中唯一关心的东西。第三位村民觉得这个主意不错，就小心翼翼地种下了每一颗种子,之后的几个月里不停地给它们浇水。第四位村民心想“我还能失去什么呢”，于是他在有空的时候也开始种这些种子，偶尔浇浇水。同时，他还到处寻找资助或者援助，用这些援助来修自己的房子，重新种树。

随着时间的推移，春天来了，第三位和第四位村民家的菜园里有些种子开始发芽了。前两位村民看到后，既羡慕又遗憾，觉得自己真是倒霉。那些长出来的植物后来长成了树，但更重要的是，它们给大家带来了希望，让人们开始看到毁灭之后的新生命。这让大家都心情变好了，生活也开始慢慢恢复正常。第三位村民虽然种出了植物，但他并没觉得多高兴，因为他总觉得自己的努力得到的还不够，他为了达到自己的目标，一直拼命工作，结果总是觉得累和焦虑。显然，第四位村民是真正从小袋子里得到最大好处的人。

长期的创伤经历会让我们有一种无力感，这种情况被称为“习得性无助”。就像实验室里的动物，如果每次它们去吃东西的时候都被电击，慢慢地，它们就宁愿饿着，也不愿再去吃食了，因为它们知道去吃食就会被电击。即使后来不再有电击，它们也不会再去了。同样，很多受过严重创伤的人，即使面前有路可走，他们也看不到，不知道怎么走出去。他们不尝试就放弃了，总觉得什么办法都不会有用，或者觉得解决问题的办法比问题本身还糟糕。他们往往变得消极，不愿意尝试新的可能。他们的行为变得保守，不敢冒险，不愿意做出改变，最后陷入了一种无可奈何的状态。

而自发性和创造力，只有在一个健康的环境中才能发展。我们常常以为，孩子们天生就有这些品质，但事实上，只有在一个能够让他们感到安全、鼓励他们独立探索的环境中，孩子们才能自然地表现出这些品质。一个感到安全、被保护的孩子，才会勇于探索周围的世界，尝试新事物。

他们会时不时地回到照顾者身边，得到一些安慰和鼓励，然后再充满好奇心地去探索世界。照顾者会通过和他们一起玩耍、分享快乐的时光来增强他们的自信，同时在他们需要的时候给予适当的保护，这样孩子们就可以在还没有准备好独立面对问题之前，不用过多地担心这些问题。

勇于尝试，启动韧性开关

如果生活环境中有很多敌意，我们就会开始尽量减少冒险，只做那些我们能控制的事情，只用那些我们最熟悉的方法。想要创新或者尝试新事物就变成了一种奢望，因为我们需要把所有的精力都用来警惕四周可能出现的危险，以及控制自己的情绪，因为我们没有很好的应对机制。

这种机械般的生活方式可能会让我们感觉自己无能为力，我们就像是自己行为的旁观者，好像我们的一部分和自己疏远了，而另一部分还在继续过日子。我们不会去想现在做的事情是不是真的对自己有好处，也不会去想我们是不是还有其他选择。我们不会真正做出决定，也不会去寻找实际的解决办法。我们就像是被编程好的机器人，按照之前的设定自动运行。

要改变这种状态，我们需要重新找回掌控权，开始尝试新的可能性。但这就像要让一块已经萎缩多年的肌肉重新动起来一样困难。每一次尝试都是对这种僵硬状态的挑战，每一次练习都会让我们感到不适，因为我们要重新找回肌肉的功能。一开始，这种尝试可能只会让我们感到更多的痛苦，而不是好处，只有在经过一段时间的努力之后，我们才能真正享受到努力的成果。

这个过程看起来只是需要我们耐心地工作，直到最终取得成果，但对于那些经历了人际关系中的困难的人来说，这个过程会有很多障碍。正因为我们已经经历了很多让自己痛苦的事情，我们可能会下定决心，再也不要让自己遭受痛苦。虽然努力做出积极的改变是值得的，因为最终它会帮我们更彻底地摆脱痛苦，但在内心深处，我们可能无法区分这种努力的痛苦和其他的痛苦，我们可能会觉得“不值得”这么做。

此外，有时明明很想躺在床上一整天，但却必须强迫自己起床，在缺乏安全感的状况下强迫自己去治疗，或者继续前进，这种“强迫”就会让我们想起所有那些我们被迫做自己不想做的事情的时刻，我们可能会不想再次强迫自己做任何事情（即使这对自己有好处）。最后，如果周围的人因为各种原因没有给我们足够的关注和爱护，我们就可能习惯了忽视自己的真正需求，或者不把它们当回事。

尽管我们内心仍然渴望关爱，但我们可能不会去满足这种需求，或者我们会用错误的方式去寻求满足，这反而会让别人更加排斥我们。我们可能没有学会如何好好照顾自己，也没有学会如何正确地理解和调节自己的情绪，因为周围的人并没有给我们树立一个好的榜样。因此，即使我们做出改变对自己有好处，我们也可能不会把它们当作优先事项。

从这个角度来看，如果曾经生活在一个充满创伤的环境中，要解决我们的问题，就需要有人帮助我们去真实地体验一些事情。我们得明白，一开始我们可能不会自然而然地去做这些事情，而是需要强迫自己去做。就像刚开始去健身房锻炼时一样，一开始我们可能会觉得肌肉酸痛，做运动很吃力。我们可能连拉伸都做不好，稍微用点力肌肉就会痛。前几周我们可能会觉得特别累，每次锻炼都让我们筋疲力尽。但如果坚持下去，几个月后身体就会开始适应，感觉就会好多了，不再那么容易累了，也能开始掌握一些运动技巧。运动会变得越来越轻松，身体也会变得更灵活，接着我们就可以尝试一些更复杂的动作。

不管现在感觉有多糟，不管对自己的不幸有多遗憾，如果我们还是一直重复以前的做法，很有可能我们的感觉会一直和以前一样糟糕。如果我们在处理某个问题时一直用同样的方法，而且这个方法前 50 次尝试都没有成功，那么第 51 次也不太可能成功。但是，人类有一种惊人的能力，就是会一直重复同样的错误，或者一直用同样的方法去应对问题，因为我们会告诉自己“这就是我应该做的”“这就是我，这就是我应对问题的方式”，而忽略了这个方法实际上并不能解决问题，而且已经无数次被证明过是无效的。

其实，我们完全可以想想其他的选择。比如，我们可以责备那些对我们不好的人，但可能会发现，下一次情况还是会一模一样。所以，我们不妨做点什么，但不要再做和以前一样的事情，试试看其他的选择会有什么结果。如果我们去尝试，可能会找到更好的方法，或者至少是不那么糟糕的方法。如果尝试失败了，也没关系，犯错误不是问题，只要我们能从中学习。关键是不要一遍又一遍地犯同样的错误。

当我们打算改变自己的某些习惯时，可能会觉得自己变得有点奇怪，甚至有点不习惯。我们尝试做的一些事情，可能看起来有点傻，或者不符合我们一贯的逻辑。但是，关键是要看这些做法能不能带来好的结果，而不是它们看起来怎么样。这些做法要能够帮助我们解决一些深层次的问题。比如，如果我们发现自己很难一个人待着，就可以试着安排一些专门的时间，故意让自己独处。这意味着单独做一些我们通常会和别人一起做的事情，如一个人去散步，一个人去购物等。

那些不喜欢独处的人，往往会尽量避免一个人待着，除非实在没办法。这样做其实有很多不好的影响。一方面，当我们不得不一个人待着的时候，可能会感到很难受，可能会做一些对自己不太好的事情，只是为了逃避那种孤独的感觉。另一方面，我们可能会在人际关系中感到压力，因为总是希望别人能陪在我们身边。如果能意识到这些问题，并开始尝试每天独自完成一些日常任务，我们就能慢慢适应独处，让孤独的感觉变得正常。

一般来说，我们越觉得做一件事情很奇怪，就越应该去试着做一做。这意味着我们正在打破自己的一些限制。比如说，我们可以试着一个人去看电影。仔细想想，看电影其实是一种不需要别人陪伴的活动，我们大部分时间都专注于电影。我们也可以一个人去咖啡馆喝咖啡，或者一个人去吃饭……每天都有不同的情况，但都有一个共同点，那就是我们都是一个人。

我们不要逃避那种一开始让自己感到不舒服的孤独感，而是要充分地去感受它，让自己慢慢习惯。这样做可能会让我们回想起过去的一些孤独的时刻，如感到被遗弃或无人照顾的时刻。但现在的情况已经完全不同了。作为成年人，我们可以理解一个孩子感到没有爱、没有保护或没有帮助是多么困难，但我们也可以看到这个困难的另一面——我们现在能够独立处理很多事情。

独处本身并不是一件坏事，有时候我们甚至可以开始享受独处。为此，我们需要改变自己对孤独的看法，不再把它看成一种负面情绪，而是把它看成一种日常的生活状态。尽管我们明白过去的孤独对自己意味着什么，但我们要提醒自己，现在我们的生活阶段已经完全不同了。

刻意练习受挫力

另一个有点奇怪的练习是“收养”一只袜子。如果我们是那种什么事情都要控制，什么东西都要摆放得整整齐齐的人，那我们的生活中就需要来点小混乱。我们可以故意把一只袜子揉成一团，然后把它放在一个很明显的地方，让它看起来格格不入。

如果光是想到这个主意就让自己感到不安，那这个练习就太适合我们了。把这只袜子放在那里，不去管它，直到过了很久，我们甚至都不会注意到它的存在。与此同时，我们每天都要去看一下这只袜子，花几分钟时间观察它，当我们看到它感到不舒服时，要提醒自己，我们正在慢慢习惯这种有点混乱的感觉，并且正在从控制的奴役中解放自己。这样，当生活中出现一些意料之外的事情时（这种事情经常发生），我们就能更好地应对。

如果我们给自己设计的任务既古怪又富有创意，虽然它们可能会让我们感到有点不知所措，但它们也能为我们的日常生活增添一些幽默感，减轻我们的压力。尽管如此，我们还是可能会感到一些不愉快的情绪，就像很久不运动，突然运动起来肌肉会感到酸痛一样。关键是不要给自己设定一些不可能完成的、过于雄心勃勃的任务，这样我们只会在某一天集中所有的精力去做，然后接下来的几个月就放弃了。

这些练习就像是故事里的种子。我们播种得越多，将来就越有可能收获成果。结果不会立即显现，因为变化需要时间才能生根发芽。如果像一些村民那样，因为认为尝试没有意义或不会有效就放弃，我们就在否定一个机会。如果过于焦虑地期待结果，给自己施加压力，我们就会产生不适感，这会消耗我们的能量，并且更有可能失败。每一次尝试都是有价值的，无论它产生了什么样的结果，因为任何能打破我们重复的病态模式的事情，都能增加我们的灵活性。

经历过创伤之后，我们的心理会变得僵硬，需要像锻炼身体一样，通过伸展和弯曲来恢复灵活。如果总觉得自己对一切都无能为力，都是命中注定的，那我们就不太可能采取行动去改变什么，当然也就不太可能取得任何成就。这种想法和实验室里那些被训练成认为自己无法控制任何事情的小动物是一样的。但我们和那些动物不同，我们是人类，我们有能力从更广阔的视角去观察和理解发生在自己身上的事情，我们可以意识到自己的感受，但不会被这些感受所控制。如果我们能够用理智去思考，发现其实自己还有其他的选择，即使直觉告诉自己要去做别的事情，我们也不会盲目跟随直觉。我们会明白，直觉可能是在过去形成的，它可能不再适用于现在的情况，或者现在的情况已经有了不同的条件。

第 12 章

重新拥有展现脆弱的勇气

因为一朵玫瑰扎了你，就恨所有的玫瑰，
因为一个梦想破灭了，就放弃所有的梦想，
这样做是很傻的。

—— 安托万·德·圣埃克–苏佩里（Antonie de Saint-Exupéry），
法国作家

想想猫和兔子，当我们摸它们的肚子时，它们的反应是怎样的。就像之前说的，猫允许我们摸它，并且会尽情享受这种亲昵，因为它知道自己可以用爪子保护自己。猫虽然露出了柔软的肚子，但它并不真的脆弱，它有能力保护自己。

对于任何在重要的人际关系中受过伤的人来说，重新学会展现自己的脆弱，重新建立和他人的联系，都是一大挑战，尤其是当这种伤害和我们最初的人际经历联系在一起时。如果我们后来再次被信任的人伤害，我们可能会问自己，为什么还要再次信任别人。我们可能会觉得，如果不去建立深厚的关系，就可以保护自己不受伤害。但这种想法是错误的。这种逃避人际关系的做法，其实是我们能对自己造成的最大伤害，而且罪魁祸首居然是自己。

想想看，我们很喜欢踢足球，但有一次在球场上受伤了。伤好之后，我们该怎么办呢？如果我们再也不踢球了，确实不会再受伤，但我们会不会就此放弃这么喜欢的运动？会不会失去它曾经带给我们的快乐？

再举一个例子，我们非常喜欢吃巧克力蛋糕，但有一次吃的时候不小心噎到了，感觉非常难受。我们会因为不想再经历一次那种难受，就再也不吃最喜欢的蛋糕了？甚至再也不吃东西了？

仔细想想，我们其实并没有真的在保护自己。因为不管我们做什么，都有可能遇到意外。哪怕整天待在家里不出门，也有可能不小心被地毯绊倒；哪怕不去足球场，也有可能在路上不小心撞到路灯；哪怕没被巧克力蛋糕噎到，也有可能被其他东西噎到。我们其实只是在自我安慰，用一种心理暗示来让自己感觉好一些，但实际上并没有什么用。我们甚至开始相信自己的想法是正确的，而不愿意去质疑。

这种反应其实很常见。比如，我们出了一次车祸，就再也不敢开车了；我们吃了一次生蚝，结果食物中毒，就再也不敢吃生蚝了……但是，那些能够克服困难、继续前进的人，是即使遭遇挫折但仍敢于面对挑战的人。他们可能会在事故发生后很快重新开始，慢慢地找回自信。如果因为害怕受伤，就避开那些曾经伤害过我们，但实际上对我们有好处的事情，我们就会失去很多机会。

化脆弱为勇气

有时候，情况可能会更复杂。如果我们从小生活在一个充满问题的家庭里，照顾我们的人可能自己也有困扰，或者家里的气氛混乱，我们可能从来没有真正体验过什么是安全感。在这种情况下，感到脆弱可能就意味着受伤。但即使如此，我们内心深处仍然渴望与人建立联系，这是我们与生俱来的需求。说我们不需要依赖别人，就像说我们不需要呼吸一样。呼吸是我们生存的基本需求，即使空气中可能存在有害物质，我们也不能选择不呼吸。同样，即使建立人际关系可能会让我们受伤，我们也不能选择彻底孤立自己。

好消息是，我们可以重新学会在他人面前展现自己的脆弱，并同时感到自己是安全的。要做到这一点，我们需要先治愈自己的内心创伤，并且要有一种“我能保护好自己”的感觉。这当然不是一件容易的事。所谓治愈创伤，就是要先意识到它们的存在，并要明白，哪怕我们觉得自己好像已经忘记了那些不愉快的往事，但在记忆深处可能还有很多没处理好的痛苦。我们需要把这些痛苦挖出来，让它们透透气。这个过程往往需要专业人士的帮助，他们知道怎么帮助我们治愈创伤，怎么减轻这个过程带来的痛苦，并且帮助我们真正地恢复。

要做到这一点，我们需要学会重新评估身边的危险，唤醒我们本能的防御反应，拆掉那些已经不再起作用的保护机制，并且不断练习更健康的应对方式，直到我们能够熟练地运用它们，让它们成为我们的习惯。

这个过程需要我们做出改变，而改变从来都不是轻而易举的。我们可能会感到迷茫，因为我们没有可以参考的榜样。这就是为什么我们通常需要接受长期的心理治疗，可能会经历很多起伏，直到最终看到改变的结果。而这里就有一个难题：如果我们习惯了不健康的自我照顾方式，对别人缺乏信任，也不太懂得如何与人建立联系，那么开始接受心理治疗对我们来说肯定是很困难的。

经历过创伤的人常常会长时间遭受其后果，而不会寻求帮助，或者很快就会放弃。他们可能会告诉自己，那件事不重要，已经过去了，自己需要继续前进，因为他们不重视自己的感受（就像之前说过的，膝盖上的伤口不算什么，别哭了），因为他们习惯了坚持下去，不回头看。他们可能会觉得自己必须坚强，必须自己解决问题，因为他们没有得到过支持，或者得到的都是一些没有帮助的支持。他们变得如此习惯于不向任何人求助，以至于他们认为事情应该永远是这样。他们可能会害怕面对过去，因为他们觉得这只会带来痛苦，不会有任何好处。他们可能会觉得很难信任心理治疗师，对所有治疗师都很挑剔，或者在与治疗师意见相左时感到自己被误解或受到虐待。

他们可能会如此害怕变化，或者对未来的期望如此消极，以至于他们会放弃尝试任何新方法，因为他们确信这对他们没有帮助。他们可能会感到如此内疚，以至于他们不相信自己值得变好，或者如此害怕失望，以至于他们宁愿不抱有任何幻想，也不愿意从当前处境中走出来。就像那些学会了“无助”的小动物一样，即使门开着，没有东西阻碍，它们也不会去寻找食物。他们不再尝试，在开始之前就已经认输了。

当人们鼓起勇气开始接受心理治疗时，还是会遇到很多困难。要记住，人们所受的大部分心理创伤都来自人际关系，而心理治疗的过程，就是要通过和治疗师建立关系来促成改变。在这段关系中，患者需要向治疗师展示自己最脆弱的一面，并且要信任治疗师。这正是那些需要帮助的人面临的最大难题，而他们必须先解决这个问题才能获得帮助。这会在治疗过程中造成很多复杂的局面，但我们必须将其理解为在这种情况下是正常的。我们需要对自己有耐心，给治疗一些时间。

同时，也有可能一个人接受了很多年的治疗，但治疗效果并不好。他们可能会紧紧抓住和治疗师的这段关系，虽然这段关系很重要，但和他们的日常生活关系不大。他们坚信自己无法和别人建立真正的联系。有时候，他们可能会把治疗师当作他们痛苦的见证人，而不是采取行动去改变自己的状态。他们可能会把所有精力都用来质疑治疗师，不接受治疗师的建议，而是直接拒绝，向治疗师传达他们内心的信念，即“无论别人做什么，都不够”，认为所有治疗师都不够好，或者坚持认为自己的情况太严重，无法解决。

在所有这些情况下，患者内心的冲突转移到了和治疗师的关系上，虽然这让他们感觉能够控制局面，但实际上也让他们远离了真正有价值的目标，比如重新掌控自己的生活。

建立亲密关系是值得的

除了参与治疗之外，那些在人际关系中受过伤的人通常对亲密关系会有一种恐惧感。他们往往很难交到朋友，或者很难维持友谊，因为他们不相信任何人，或者他们希望朋友能给予一种绝对不会背叛的忠诚，并且从朋友那里得到他们在童年时期没有得到的东西。

无论是不愿意原谅朋友的任何小错误，还是希望从朋友那里得到成人关系中不常见的东西，比如绝对且无条件的奉献和慷慨，建立情感联系都会变得非常困难。更进一步说，当真的和别人变得亲密时，我们可能会感到警觉，因为近距离的关系往往是我们受伤最深的地方。在这种情况下，我们可能会对被拒绝或被疏远变得过于敏感，或者一旦我们向别人敞开心扉，就会本能地想要再次关闭它。

恋爱关系是另一个大挑战，可能比友谊关系还难处理。和伴侣在一起时，我们的依恋机制会被触发，带来我们在依恋关系中学到的所有东西。可能会发生各种各样的情况，比如不愿意找伴侣，或者当关系变得亲密时，我们会自我破坏；从过度依赖到防御性反应过大，摇摆不定；或者变得极其依赖伴侣。最后一种情况可能导致一个人会为了伴侣做任何事情，不管这对他自己是否有益；或者因为不断地索取情感，最终使伴侣筋疲力尽，因为不管伴侣做什么，都无法满足他内心真正的需求。

最后，很多经历过不愉快的童年或者创伤性恋爱关系的人，会选择不要孩子。他们不认为自己有能力教育好孩子，因为他们深知孩子可能遭受的伤害。虽然我们成长的依恋方式确实会影响我们和孩子的关系，但很多在童年时期遇到困难的人，最终还是能够很好地照顾他们的孩子。

我们无法避免的是，大脑会用童年时的经历作为养育孩子的参考。这种经历可以成为我们学习的榜样，或者成为我们不想重复的错误。有时候，为了和父母不同，我们可能会走向另一个极端，这本身也可能带来问题。但是，如果我们意识到这一点，并且努力改变，就可以以我们自己的方式和孩子建立联系。

要改善我们的人际关系，首先得承认自己在这些关系中遇到的困难。要想过得开心，一个关键就是要重新学会在他人面前感到脆弱的能力，和朋友、伴侣和孩子建立亲密的关系。这并不是说我们忽视了修复人际关系的复杂性，尤其是当我们的依恋系统受到严重伤害时。

我们需要诚实地面对自己的问题，现实地看待它们，但同时也不要因为这些问题而责怪自己。我们也不能就此放弃，认为事情就是这样，不会改变。如果能够做到这些，我们就能重新体验到生活中最美妙的东西 —— 和他人建立深厚的联系。尽管这个想法可能会让我们感到害怕，但没有什么比这个更值得去尝试的了。

当意识到创伤是可以治愈的，我们就会知道自己可以冒险再次和别人建立联系。损害从来不是不可挽回的。确实，如果敞开心扉，我们可能会再次受伤，但如果我们能够更好地保护自己，伤害就不会那么严重，也不会持续太久。

当触摸到自己的伤疤时，我们会从经验中知道，所有的痛苦最终都会过去。我们可以权衡一下，建立更好的人际关系（这是我们得到的）和更好地照顾和保护自己（这是我们失去的），我们会发现，尝试去建立亲密的关系是值得的。

第 13 章
把责任放在它应该在的地方

你人生中最好的时光，是当你决定为你自己的问题负责的时候。
不要把问题怪到你母亲、环境或者总统头上。
你是你自己命运的主人。

—— 阿尔伯特·埃利斯（Albert Ellis），
美国心理学家

如果觉得自己不是行为、想法或感受的主人，有一个好处就是我们不需要为这些反应负责。我们可以为自己的行为感到内疚，承受由此产生的后果，但如果我们不承担改变它们的责任，那么这种内疚就是无益的，它只会助长问题的循环。我们因为自己的愤怒爆发而感到非常糟糕，以至于一直在自我折磨，这让我们的焦虑感增加，情绪变得更差。这种情绪会制造出更多的不适感，从而更容易引发下一次的爆发。

有时候，我们会利用自己对反应的失控感来试图减轻后果。我们告诉别人我们不是故意说出那些话的，他们知道我们就是这样的人，不应该介意，因为他们了解我们的性格。我们的本意是好的，但是“无法控制”自己的冲动行为。虽然这些反应并不是我们有意为之，也不在我们的控制之下，但我们仍然可以努力去改变它们。

我们的行为和言语，哪怕是冲动的，没有预谋的，都会产生后果，我们应该对这些后果负责。这并不意味着我们要为做过的事情折磨自己，这只会使情况变得更糟。真正的责任感是承认问题并寻求解决办法。如果我们自己做不到，那就必须寻求帮助，并且不管有多难，都要接受帮助。

承担责任意味着我们要正确地面对内疚感。如果我们感到内疚是因为确实做错了事，那这种内疚感是正常的。这就像老板礼貌地指出我们工作中的错误，如果我们认同他的观点，就会努力改进。如果从不感到内疚，那么我们就不会在乎自己做事的方式，就会一直犯同样的错误。

有些孩子成长的家庭里，成年人从不承认自己犯了错，也从不承担责任。这种家庭环境中的孩子往往会感受到内疚感，他们通常会把周围发生的所有事情都和自己联系起来。如果他们还被父母明确地指责，这种倾向就会变得更加明显。长大后，他们可能会很容易地承担起不应该属于自己的责任。如果他们的伴侣非常挑剔，总是指责他们，他们也不会质疑。

这些家庭环境，无论是在童年还是成年后的伴侣关系中都可能存在，并不一定涉及暴力。和一个总是非常自信、不容置疑的人生活在一起，会让那些不太自信的人开始怀疑自己。那些权威型的、挑剔的、苛刻的或完美主义的人，都可能产生类似的效果。在任何情况下，如果事情没有按照他们的想法发展，他们就会让别人来承担责任。

正如之前所说，家庭环境中的极端情况会导致一些极端的应对方式。一方面，我们可能会承担不应该属于自己的责任，并且不停地自责。另一方面，我们可能不会去承担解决问题的责任，我们会说自己不需要任何人的帮助，我们不想和别人谈论自己的问题，或者我们认为发生在我们身上的事情根本无法解决。这两种极端的想法可能会同时存在，尽管我们可能总是对自己感到不满，但不会去做出任何改变。

停止抱怨是承担责任的第一步

如果发现自己有一些对自己或者别人不太好的习惯，而且这些习惯随着时间推移没有变好，反而变得更糟糕了，那我们就需要采取行动，做出一些改变。如果我们还是老样子，却期待着情况能有所改善，那肯定是没有意义的。

我们经常对自己说的一些话，可能会成为我们维持现状的借口。我们可能会告诉自己，我们改变不了，我们没有力量，是别人需要改变，我们已经尝试了所有的方法……这些借口可以一直说下去，而且当对自己说这些话时，我们可能会把这些借口当成是不可改变的事实。

我们需要做的第一件事，就是改变这些话语。我们可以把“我做不到”改成“我觉得很难”，把“我不能”改成“我不想”。如果这么说令你感到困惑，那就想想曾经“无法”出门走走的时候。比如，我们可能会说“我不能”出门，但我们却可以出门遛狗，去寄送一份当天必须寄出的文件，或按预约挂号时间去医院就诊。如果我们能做这些事情，我们也完全可以早起恢复日常活动，或者在公园里散步，而不是整天待在家里。

也许当情绪非常低落的时候，我们无法做出太大的改变，但如何利用剩下的能量是我们自己的选择。如果我们开始承担责任，就不会让自己说出绝对的“我不能”。如果我们决定不做某事，我们会把它看作是我们做出的选择：“我选择不做这件事。”

另一种逃避责任的方式就是沉溺于抱怨。如果经常抱怨，哪怕只是在心里抱怨，我们也肯定是陷入了一个误区。如果我们有意寻找，总是可以找到抱怨的理由。我们会抱怨最糟糕的时刻，抱怨对我们不好的人，抱怨别人的缺点，抱怨自己的悲惨过往，永远都是这些事情。

当关注他人的负面时，我们就不会关注自己的问题，也不会关注如何处理它们。此外，我们也会再次让自己陷入无助的境地，而不是专注于发展自己的资源来应对它们。这是一种无益的抱怨，它给我们带来了被误解、被虐待和痛苦的感觉，但它并没有改变任何这些情况。

有趣的是，在这种态度的底层，可能隐藏着我们无法忍受的巨大内疚感，我们甚至可能没有意识到它。我们将其投射到外部，并将我们所有的不幸归咎于他人或世界。问题是，如果问题的全部都在外部，我们也把解决方案放在了我们无法触及的地方。即使在生活中确实存在难以解决的重大问题阶段，抱怨通常是浪费时间。当然，偶尔发泄一下是有好处的，总是带着愉快的面容面对困难也不一定更有成效。但要记住：极端通常总是负面的。

健康的内疚感是进步的动力

不愿意承担责任可能是因为我们还停留在小时候的思考模式里。小时候，我们可能经常感到无助，或者不知道如何在人际关系中保护自己。然后我们就一直保持这种感觉，以为因为觉得自己很无助，所以我们就是无助的。我们当时没有选择，所以现在也不做选择，认为一切都没有变。如果我们尝试做一些事情，一旦遇到挫折，我们就会放弃，并证实了自己的想法，认为我们无能为力。我们好像一直觉得自己很弱小，没有受到保护，不能照顾自己。

虽然这在我们生命的早期阶段可能是真的，但当我们长大后，还期待有人来拯救我们通常是不现实的。当我们把希望寄托在其他人身上，希望他们照顾我们、保护我们，让我们摆脱自己的命运时，这种做法与我们当下所处的人生阶段不符。此时，我们在已经不是孩子的阶段却表现得像个孩子。

正如之前所说，随着成长，我们学会了如何调节和照顾自己，形成了自我照顾和自我调节的模式。外界的东西总是通过我们的内心来过滤。如果我们不照顾好自己，忽视自己，严厉地批评自己，对自己生气，或者根本不做任何事情来调节自己，那么别人对我们的好意也无法真正触及我们的内心。只有当我们学会自我照顾时，别人的照顾才能满足我们的需求。

一个安慰的姿态或几句安慰的话，并不能真正解决我们自己的问题。如果我们放任自己的情绪，他人也无法完全安抚我们。我们现在已不是婴儿，对方无法直接感受到我们的内心世界。如果我们总对自己发火，即使有人想要保护我们，我们自己也会对自己造成最大的伤害。我们内心世界的钥匙只有我们自己有，我们需要积极参与到改变自己的过程中。这样我们才能真正利用外部资源，这些资源可以辅助我们（但永远不能取代我们）管理自己的情绪状态。

要想恢复过来，我们必须自己负起责任。恢复不会自己发生，也不会因为某个神奇的治疗，某个给我们一切的人，某个给我们动力的工作，或者某个突如其来的救星而发生。我们不能把自己的未来交给运气。重要的是要争取让它成为可能，但不要与我们自己作对。

其实仔细想想，承担责任本身就是一种治愈。这意味着我们重新掌控了自己的生活，不管前路如何。我们不再依赖别人，而是把命运掌握在自己手中。这可能会让我们感到害怕，因为我们都知道，犯错是成长的一部分，但当我们为自己的选择和决定承担责任时，也就意味着我们可能会犯错。然而，如果把责任推给别人或命运，我们就不会觉得失败。改变这种观念并非易事，而且我们已经背负了很多不属于自己的责任，这样做就好像给自己增加额外的责任。

要记住，责任是我们的朋友。这里说的责任不是那种不合理的责任，而是和我们犯的错误相称的责任，它使我们得以改进，以一种越来越现实和有效的方式进行尝试。如果我们不以现实的标准为指导，就不可能有所改变。而一种健康的责任感，当我们对自己或他人做错事时就会启动，它帮助我们不自满或远离不负责任的行为。

必须停止用自身的问题折磨自己，而是要正视这些问题，告诉自己“我需要做点什么”。重要的是，这种感觉还会促使我们采取行动。不管这个行动是否有效，只要行动就好，因为我们知道在取得成果之前，我们需要尝试很多次。

第 14 章

成年自我在掌控一切

说到底，我们是通过我们的行为来塑造自己的。

—— 爱德华多·加莱亚诺（Eduardo Galeano），
乌拉圭著名作家

我们可能还带着很多小时候的感受，或者一些艰难时刻的记忆。同时，我们可能已经形成了一些关于自己和这个世界的固定看法。当还是小孩子的时候，如果发生了什么事情，我们能做的事情不多。我们只能依赖那些抚养我们的人去发现我们的问题，并帮助我们解决。如果他们没有发现或者不愿意帮助，我们就没有任何选择。但现在，我们已经长大了，作为成年人，我们总是有选择的。

我们可能看不到这些选择是什么。有时候，我们想出来的解决方案是不现实的。比如，我们想通过搬到一个没有人打扰的荒岛上来解决自己的问题，但我们并不是有钱人，没有自己的岛可以搬去。当意识到这一点时，我们可能会感到更加绝望。我们没有考虑过一些小的、实际的、可以一步步实现的解决方案，而这些方案才能真正带来改变。

有时候，尽管有选择，但我们可能没有意识到。我们可能还停留在小时候的无助感中，觉得自己做不了任何事情，觉得被困住了。这些感觉在我们小时候可能是真实的，但现在我们已经成年了，情况已经不同了。即使还和原生家庭生活在一起，我们也不再是小孩子，我们是成年人。即使我们还处在同样的伴侣关系中，也不是只能坐等事情发生变化，我们自己可以采取行动。如果意识到自己是成年人，是掌控局面的人，我们的视角就会发生根本性的转变。我们会明白，自己的问题必须自己解决，我们可以做出选择，可以承担责任。

上段的最后一句话听起来可能有点让人不舒服，但它对于我们向前迈进非常重要。可能我们读到这句话时会想："这不公平，怎么是我的问题呢？别人应该对我更好……如果父母、配偶、老板、孩子都那样对我，我怎么可能感觉好？"但是，即使他们对待我们的方式不改变，我们也是有可能感觉更好的。幸运的是，在任何关系中，我们至少能改变自己的这一部分，这给我们提供了足够的空间去做出一些改变。

"怎么可能呢？我妈妈还是像对待小孩子一样对待我。"这时候，我们要提醒自己，我们已经成年了，即使别人像对待小孩子一样对待我们，我们自己并不是小孩子。如果不让那个在我们内心停滞不前的小孩去和妈妈对话，而是让成熟的自我来主导对话，即使知道还有很多童年的感受存在，我们的对话方式也会和过去完全不同。随着时间的推移，如果能够处理好我们的过往，解决那些仍然困扰自己的童年感受，甚至可能不再感到那种潜在的不适，我们会感觉完全不同。

诚实面对内心感受才是真正爱自己

有时候，当长时间处于困境，我们可能会幻想有一个救星出现，解决所有的问题，或者有一个神灯精灵，能够满足我们三个愿望。我们可能会幻想自己并不是这个家庭的真正成员，真正的父母会突然出现，或者我们能够搬到另一个国家。我们可能会想象，解决自己问题的方案是找到一段爱情，这段爱情最终会满足自己所有的渴求，或者有个孩子，让他拥有那些我们所没有的东西，实现我们未实现的梦想。

幻想是一种逃避现实的方式，尤其是在童年时期，幻想是一种强大的资源，让我们能够逃避自己无法改变的事情。然而，我们可能会陷入等待别人来拯救自己的境地，即使有些事情是我们自己可以改变的。

可以肯定的是，真正的解决方案不会像我们幻想的那样戏剧性地出现，我们不会在某个早晨醒来，发现一切都变了。但我们确实可以做一些具体的事情，哪怕这些事情看起来很小，但它们是真实可行的。无数的小变化累积起来就能改变世界。为此，我们需要改变自己的思考方式。

改变的第一步是意识到我们已经成年了，可以自己做决定，自己掌握人生方向。第二步是清楚我们要走什么样的路。虽然答案可能很明显——“我想要幸福”，但实际上并没有那么简单。如果生活中对我们最重要的人没有用健康的方式照顾我们，我们可能会在不知不觉中开始对自己有不好的影响，比如自责、对自己要求过高或者忽视自己的需求。

要发现这个问题，可以看看我们是怎么安排自己生活中的优先级的。按理说，如果我们感觉不好，最应该优先考虑的是让自己感觉好起来。如果我们自己都感觉不好，怎么可能处理好其他事情呢？然而，我们可能会发现，对自己有好处的事情在任务列表上排得很靠后，而我们却总是优先考虑必须做的事情，别人需要我们做的事情，别人期望我们做的事情……

当然，有时候我们需要履行一些义务，关心他人也是好事。但没道理的是，对我们自己有好处的事情总是被排在最后。这些事情应该排在列表的首位，尤其是在我们感觉不好，需要给自己充电时，尽管我们仍然需要考虑其他事情。

有时候，对自己有好处的事情甚至不在我们的任务列表上。我们可能会觉得，如果做对自己有好处的事情，我们就会变得很自私，并试图完全压制这个想法。也许在内心深处，我们觉得自己不配拥有好东西，或者永远无法拥有它们。一个更糟糕却很常见的版本是，即使偶然有好事发生，我们也可能会使它们失效，把它们推开或者破坏它们。如果我们是第一个不为自己做好事的人，或者当好事到来时不允许它们进入自己的生活，我们怎么可能感觉好呢？

所以，真正的改变是从问自己问题开始的。比如问自己："我今天不想出门，但出门对我有好处吗？"我们不要自欺欺人，不要急着回答，而是要认真地思考一下，当我们出门一天后，晚上的感觉是怎样的，然后和我们整天躺在床上、拉上窗帘、胡思乱想的时候比较一下。我们想不想做某件事是一个考虑因素，但更重要的是，要看这件事对我们有没有好处。

此外，当我们情绪低落或者感到不知所措时，强迫自己做身体上想做的事情，并不一定会让情况变好。解决问题的办法不是简单地去做一些事情。当一个人感到沮丧的时候，周围的人经常劝他们要振作起来，要努力，尽量表现得像平时一样。这种逻辑是，如果表现得像自己状态很好一样，我们就会真的好起来。但这些建议其实和之前所说的“别哭了,这没什么大不了的”一样，对于提升情绪并没有太大帮助。

有时候，最好的选择其实是不做任何事情。我们不出门，不是因为别人期望我们这样做，或者我们觉得自己应该这样做，而是因为选择待在家里对我们来说更好，因为我们可能需要休息。我们知道这是真的，因为已经试过，当强迫自己像以前一样去做一些事情时，我们往往会感到更加疲惫，第二天的情况也没有改善。有了这些经验，我们选择不做某件事，可能是对自己最有帮助的选择。

内心对话是调节情绪的关键

某件事对自己有没有好处，这个问题不仅适用于外在活动，也适用于对自己说的话。我们可能没意识到，其实我们一直在心里和自己对话，这些对话对情绪有很大的影响。我们的大脑一直在活动，一直在对自己说关于我们正在做的事情、我们的想法或感受。

内心对话对情绪调节非常重要，它可以是一个缓冲器，帮助我们调节情绪，也可以是一个放大器，让情绪变得更加强烈。意识到内心对话并开始改变它，是我们为了改变而必须做的工作的基础。我们需要从自动模式切换到手动模式，帮助大脑从不断重复的想法转变为对我们有益的想法。

为了让改变发生，需要重新训练我们的思维。明白问题出在哪里非常重要，但这只是第一步。我们可以把这个过程想象成健身，需要定期重复练习，直到我们能用新的方式自然而然地和自己对话。即使我们已经这样做了一段时间，仍然需要保持专注，确保这种新的习惯能够持续下去。

这个思维训练包括一系列的提问。我们需要按照一定的顺序问自己这些问题，即使已经知道答案，也要每次都认真回答。通过不断地问自己这些问题，我们会逐渐引导自己的思维走向一个新的方向，用一种新的方式来看待自己、理解自己和照顾自己。虽然需要一段时间的努力才能看到效果，但这种改变对我们获得幸福感有很大的帮助。现在，我们来看看这些问题是什么。

我对自己说了什么?

想法不加留意就会悄悄溜走。我们可能会觉得自己什么都没想，只是有不舒服的感觉，但实际上我们一直在想事情。我们可能会对自己说，“我受不了现在这个样子”“我真傻，竟然让这种情况发生”“这都是我的错”“我永远都走不出来了”“我想死”。这些话不仅仅是因为我们心情不好才有的，它们会让我们感觉更糟，甚至产生新的负面情绪。把这些话说出来，或者把它们写下来会很有帮助。看到这些白纸黑字，可以让我们更清楚地意识到我们对自己有多苛刻，我们在多大程度上在自我否定。

我是从哪里学到这些话的?

这些话经常是我们从生活中重要的人那里听来的。我们的父母、老师、伴侣可能曾经说过“你真烦人”“你真笨”“这都是你的错”“你无可救药”“你真不该出生”。这并不是说所有的情况都这样，但在很多情况下，内心的声音反映了过去重要的人对我们说话的方式。我们看待（对待）自己的方式就像他们看待（对待）我们一样。问题是，一旦我们接受了这种模式，我们就会一直带着它。即使我们已经远离了这些人，甚至他们已经不再是我们生活的一部分，但他们的影响仍然存在。问题是，我们无法远离自己，即使想尽一切办法。我们的头脑始终在我们的肩膀上，我们唯一能做的就是重新“编程”。

当这些人对我说这些话时，对我有帮助吗？

虽然很明显，没有人喜欢听到别人说他们烦人、笨、有罪、是个灾星或者一文不值，但关键是我们要意识到这些话对自己没有好处，它们没有帮助我们，它们从一开始就给我们带来了负面感受。这就是我们在那些关系中呼吸的空气，只要仔细想想，我们肯定会说我们不想在这样的空气中再待下去了。

如果现在周围的人对我说这些话，对我有帮助吗？

如果周围的人对我们说“真受不了你现在的样子”“你真傻，竟然因为那样的感觉而烦恼”“你之所以这样，都是你的错”“你不会好转的”“你最好去死”，你会有什么感觉？显然我们会感到不舒服，但无论如何我们还是要问自己这个问题。这可以帮助我们意识到，我们对自己说同样的话意味着什么，而且通常是持续不断地这样做。这就是为什么有时我们不和任何人见面或待在家里并不能真正让自己感到放松，因为最大的敌人可能就是自己。

我会对一个我在乎的人说那样的话吗？

想象一下，我们把自己换成别人，换成我们最好的朋友、孩子、深爱的人。想象他们现在感觉和我们一样，然后我们对他们说“真受不了你现在这个样子”“你真傻”“这都是你的错”“你不会好转的”“你最好去死”。我们可能会觉得这样做很荒谬，但我们需要意识到，我们可能会对自己说出多么残忍的话。虽然我们的行为还没有改变，但如果每次这样做时都能意识到我们是在攻击自己，就已经是在减少问题了，已经是一种改变。

我对自己说什么话会有帮助？

记住，如果想要改善自己的情绪状态，就要把对自己有益的事情放在第一位。对自己有益的事情其实和对他人有益的事情一样，所以想想我们会对一个我们关心的人说什么，这其实就是答案。我们也可以考虑别人对我们说什么会有帮助。这些话可能是“我们有能力处理此事”“任何人都可能遇到这种情况”“我们已经尽力了”“一切都会过去的”“这需要时间，会很艰难，但我们会渡过难关”“我们很重要”“我们值得被好好对待”。

我们可能不相信这些话，但这不应该是我们优先考虑的事情。如果一个人对自己的体重感到困扰，我们不会告诉他“你太胖了”。胖是真的，但告诉他这个并不会帮助他。同样，一遍又一遍地提醒自己有多糟糕，或者犯了多少错误，只会让自己更难过。这就像是跌进坑里，然后还不断往下挖，只会让自己越陷越深。

如果想让自己感觉好一些，重要的是学会对自己说一些积极的话。不管我们是否相信，不管它听起来有多奇怪，都没关系。

如果我们一生都在内心自我批评，那么善待自己会让你感觉不习惯。但如果我们一遍又一遍地重复这些积极的话，它最终会听起来更自然。在某种程度上，这就像学习一门新语言。首先机械地重复单词，一遍又一遍地说同样的话，直到大脑开始吸收和记住它们。在能够流利地说出它们之前，需要花很长时间，但这就是正常的学习过程。

情绪有时会压倒我们，淹没一切。我们会让绝望、沮丧、焦虑做决定，让过去的信念成为我们面对世界的参照。但情绪不会思考，它们就像婴儿，像小孩子，只是感觉，我们需要调节、安抚和激励它们，让它们感觉好一些。

与情绪保持联系非常重要，但同样重要的是不要被它们拖垮。当内心累积了很多感受时，我们可能会感到就像第一次经历它们时一样。我们会表现得好像与实际年龄不符，像无助、无依无靠、愤怒、任性的孩子，也就是说，我们的情绪是不受控制的。我们需要非常关注这些孩子，但这绝不意味着让一个孩子来驾驶汽车。我们内心的大人需要学会（有时是从零开始）照顾自己的感受，理解自己的情绪，意识到自己的需求。

当一个健康的成年人照顾孩子时，他会察觉到孩子的不适是否与饥饿、困倦或生病有关，并给他们真正需要的东西，让他们感觉好一些。虽然这种学习可能之前没发生过，但亡羊补牢，为时未晚。我们现在需要负责这个过程。我们不需要知道如何做，只需要开始做。当然，要知道如何驾驶，通常需要上驾校。只要在他人帮助下能更容易学会，便无须自学。我们会获得所缺乏的知识，并掌握必要的技能。但重点是必须开始掌控自己的生活。

第 15 章

犯错最多的人胜出

不犯错的人，永远不会尝试新事物。

——阿尔伯特·爱因斯坦（Albert Einstein），
著名物理学家

德斯坦（Destin）是一名工程师，有人为他造了一辆很不寻常的自行车，它的车把是反过来的。当他想右转时，自行车却会向左走，反之亦然。虽然做出这个骑行改变听起来很简单，但如果你已经习惯了骑普通的自行车，那么骑这辆反向车把的自行车几乎是不可能的。不过，德斯坦还是做到了。他给自己设定了这个目标,并且非常努力地去实现它。他每天都坚持练习骑自行车，连续八个月，直到他终于能够掌握它。在这个过程中，他不断地摔倒，经常感觉自己做不到，但他并没有因此放弃，而是一次又一次地尝试。

每次尝试骑这辆自行车时，他都会发现自己的大脑会自动按照以前骑普通自行车的方式来反应，尽管他知道需要用不同的方式。意识到需要改变什么，只是第一步，但这是一个非常关键的开始。在这一步之后，我们需要继续采取更多的行动，而且要确保行动方向是正确的。

这个例子说明，改变一个习惯或者学习一项新技能，需要我们意识到旧的习惯，并坚持不断练习新的方式，即使在这个过程中可能会遇到很多挑战和失败。但正是通过这些挑战和失败，我们才能最终学会新东西，实现目标。

要实现目标，尤其是当习惯总想把我们往回拉时，我们需要坚持不懈的努力和一些反其道而行之的尝试。努力和反其道而行之本身没有绝对的好或坏，全看我们的目标是什么。如果我们为了尽义务或讨好别人而努力，可能会让自己感到筋疲力尽。如果我们逆着性子来，忽略了自己真正的需求，可能会伤害到自己。但如果我们是为了自我提升，逆着对自己不利的习惯而行，那这样的努力就非常值得。

改变的另一个关键点是要对犯错持积极态度。如果遇到一位老师，每次我们犯错他都会严厉批评，那么我们很可能就会对那个科目感到头疼。而那些能够通过考试的人，通常是在困难面前不退缩的人，当遇到挑战时，他们会激发自己去攻克难关。越是难度大的科目，他们学得越努力。相反，如果我们把老师的批评内化，我们可能会因为自己的错误而自责，最终导致停滞不前。

研究已经证明，作为教学方法，正面的鼓励比负面的批评更有效。如果多想想自己做得好的时候，犯错的时候也不过多责备自己，我们就能更好地改进自己的工作方式。如果因为犯错而严厉批评某人，尤其是以一种强硬、贬低或持续的方式，更可能导致对方停滞不前，表现更差。同样，我们犯错时的反应方式对于学习如何改变一个模式至关重要。学习就是一个不断试错的过程，犯错是这个过程中不可或缺的一部分。没有犯错，就没有习得的可能。

从错误中学习是成功的必经之路

想想我们小时候是怎么学会走路的。一开始会一次又一次地摔倒，需要抓住东西才能站起来，走路也摇摇晃晃的……但每一次尝试，我们的大脑都在学习。一开始只能走几步，但大人们看到我们能走就会非常高兴，这会鼓励我们继续尝试。如果我们只走了几步就被说成是没用的，那对我们的打击就太大了。

小时候，我们也是在一次又一次的失败中学会搭积木的，一开始我们不知道怎么搭，也计算不好，但每次失败我们的大脑都在学习。经过无数次的失败，我们最终能够轻松地搭好积木。

种下最多种子的村民，收获的果实也最多。虽然最终有些种子发芽了，但村民尝试种的大部分种子都没有成功。当我们的一天中充满了错误时，我们就会知道自己在进步、在学习。但要做到这一点，我们得先学会接受犯错误。

怎么做呢？很简单。任何事情，只要我们反复练习，最终都能学会。如果一想到自己可能会犯错就受不了了，那我们可以先做一个特别的练习：故意犯错，有计划、有预谋地犯错。一个不常犯错的人可能会跳出来说“我每天都会不自觉地犯很多错”，但这个练习只有在错误是故意犯的时候才有效。

有些事情我们本来可以做好，但为了让思维更灵活，我们故意选择做得不好，故意做一些小错事。这些可以是很小的事情，比如写句子时不加标点，故意迟到五分钟，床上留一个褶皱，或者穿不同颜色的袜子。关键是我们每天都要“骑上自行车”，在上面摇摇晃晃地尝试。我们今天摔倒的次数，就是我们为达到目标所付出的努力。总有一天，犯错对我们来说不再那么可怕，甚至会变得有趣。

但在那之前，我们需要习惯那种通常和犯错联系在一起的不适应感。大脑可以适应各种各样的感觉，只要我们持续地重复它们。我们第一次独自开车时会感到紧张不安，但如果每天都开车，开车就会变得自然而然，我们也会感到放松。重要的是，我们不要让自己的大脑分散注意力，要全神贯注于我们想要适应的那种感觉。如果我们因为故意迟到或故意把事情做得更糟而感到不舒服，就让自己意识到这种感觉。只要我们多次重复这个过程，就会逐渐习惯它，最终那种不舒服的感觉就会消失。

许多改变尝试之所以失败，是因为缺乏持之以恒和连续性。如果我们骑上一辆还没掌握的自行车，每次跌倒就对自己说“这不可能，我永远学不会”，然后过一个月才再次尝试，那么改变可能需要超过八个月的时间，甚至可能根本不会发生。

在德斯坦学骑那辆反向自行车的过程中，一个重要的时刻是，在经过八个月的每日练习后，他开始感觉到自己能够控制它了。他不再需要时刻警惕，因为他的身体会自然地往另一个方向倾斜。他大脑中形成的新连接开始超越旧的连接。然而，任何分心还是很容易让他失去平衡。学习过程仍然脆弱，新的连接还不够稳固、不够强。他需要更多的训练时间来巩固新的运作系统。

屡败屡战是逆转人生的关键

在学习更健康的自我照顾和自我调节模式时，也会发生同样的事情。我们可能取得了一些进展，但同时也遇到了一些挫折、意外，或者某些让自己偏离轨道的事情，我们发现自己又回到了旧的模式。我们可能会觉得退步了，但实际上这意味着我们在进步。这是一个关键时刻，我们需要立即重新骑上自行车。

这些挫折是不可避免的，但如果立即回到最初的计划并再次练习，我们可以使得这些挫折很快就过去。最重要的是，我们不要自我否定。如果我们在跌倒时责备自己，说自己总是这样，说自己一无是处，说永远学不会，说不值得，那么这个挫折会变得更深刻，我们将更难从中恢复过来。

即使可以熟练地掌控反向自行车，旧的连接也并没有从大脑中抹去，它们只是退到了幕后。德斯坦再次尝试骑普通的自行车，虽然一开始他无法做到，但过了一会儿，他便恢复了旧的神经回路，能像以前一样骑车了。

如果生活中的环境把我们推向旧的模式，我们很容易就会回到其中。例如，如果新伴侣像父母一样过度批评我们，我们可能会开始怀疑自己，再次在内心批评自己。在这个问题上，我们需要保持警惕，不能彻底放松。但如果我们持续努力，好好照顾自己，就会变得越来越自然，我们会自然而然地这样做。

自我调节的模式是可以重新学习的，它们在发展的早期阶段很容易建立。德斯坦的小儿子只用了两周时间就学会了骑反向自行车，而他的父亲则需要八个月的持续练习。因此，要想理解我们成年后遇到的问题，探索它们是否有童年时期的根源是很有帮助的。

在我们的早期经历中，可能内化了一些信息或行为模式，这些信息或模式将影响我们以后如何看待事情。这些情况可能是显而易见的，或者如果不仔细思考可能会被我们忽略的。例如，成长在一个被所有人钦佩、做事完美、总是言语得当、总是知道答案的父亲或母亲身边，可能会对孩子产生更负面的影响。

面对这样的父母，孩子会感到自己不够好（现在不够好，将来也永远不够好），并感到不安全、不完美或不适当。父母作为榜样，设定了孩子认为应该达到的标准，但这并不会让孩子找到真正的自我。这样的孩子在犯错时会有困难，并且无论取得什么成就，都可能感到失败。

一个我们无法质疑，看起来没有缺点的父母，可能会被过度理想化，但通常他们和所有人一样，也有优点和缺点。他们可能不会承认自己的错误，更容易指出别人的错误，总是认为自己是对的，并且可能不会与面前的人产生共鸣和同理心。将这些父母从神坛上请下来可能很困难，但这很重要。这将使我们能够与自己的优点和缺点和解。如果我们在成长过程中没有很多犯错的机会，那么理解行为模式是如何形成的对我们来说是很有益的，因为这可以帮助我们获得更广阔的视角。

我们可以改变自己的行为方式和在世界中的表现。但这通常不会像电影中那样，通过一次突然的启示就发生。我们需要对事物改变的方式保持清醒的认识：要实现改变，需要经历很多错误。犯错误最多的人，才最有可能赢得成功。

第 16 章

打破旧模式，发现好事的坏处与坏事的好处

我们最深信不疑的那些信念，往往是最值得怀疑的。

它们限制了我们，成了我们的牢笼。

——何塞·奥尔特加·伊·加塞特（José Ortega y Gasset），

西班牙现代哲学家

如果是在一个扭曲的环境中长大的，那么有时候一些词语的意思可能和人们通常理解的不一样，甚至是相反的。在一个不正常的依恋关系中，人们很容易把关心和担忧、保护和控制、爱和服从混为一谈。如果情感需求没有得到满足，我们可能会觉得有情感需求是不好的，应该被忽视或压抑。如果表达情感的时候受到惩罚，我们可能会认为那种情感是不应该有的。

有时候，周围的规则可能自相矛盾，甚至荒谬，但我们还是不得不按照这些规则来行事。当生活在一个混乱或者让人困惑的环境中时，我们不清楚应该怎么做才能适应，所以可能会随便抓住一个想法，不管它合不合理，只要它能指导我们的行为就行。

盲目信念的心理陷阱

周围的世界有时会让我们的困惑更加深重。想象一下，如果在我们的童年，人们指着红色说这是绿色，那么当我们说出绿色时，实际上我们指的是红色。类似地，我们可能会被错误地引导去相信：表达不满等同于脆弱，有所追求被视为自私，寻求情感的慰藉被当作幼稚，发怒被标签为任性或恶劣。这些误解，往往源于我们在情绪波动时周围人的反应和言论。

然而，即使有人以坚定而有力的声音向我们传达信息，也并不意味着他们所说的就是不可动摇的真理。实际上，当一个人以一种似乎毫无疑问的方式说话时，这往往是他们的话不真实的标志。真正的自信与盲目的信念是截然不同的。真正的自信是开放的，它承认可能会受到质疑，并且如果别人用有力的论据说服我们，我们愿意改变自己的观点。而一开始就抱有坚定的信念往往是有问题的，它通常反映了一个人内心深处对于坚持某个观点的强烈需求。

如果一个孩子在悲伤时被贴上“爱哭鬼”的标签，很可能那个成人自己也不清楚如何处理自己的悲伤情绪。如果一个孩子在愤怒时被指责为“坏孩子”，那么这个成人很可能自己也在处理愤怒上存在问题。我们所展现的情绪可能让那些成年人感到不适，因为他们自己也可能在处理这些情绪上遇到了困难。

与我们一同成长的人无法传授他们自己也不熟悉的情感表达方式，他们往往也陷入了自己习惯的、不健康的反应模式。他们之所以说出这些话，并不是因为这些话是正确的，而是因为他们自己的局限性。有时候，他们通过这些言论试图控制我们，惩罚那些让他们感到不安或不知如何应对的行为。这并不意味着我们应该为那些曾经伤害我们的人辩解，而是我们应该理解，他们的观点是基于他们自己的思考方式，这些观点很可能是扭曲的。

我们与自己的自我对话，很大程度上基于我们从周围环境中吸收的模式，因此，对我们内心深处坚信的信念保持开放和质疑的态度是非常重要的。我们脑海中常常有些想法盘旋，我们从没想过它们是否真的合理，只是盲目地相信。因为它们在我们的思维中如此根深蒂固，我们就把它们当作无可争议的事实。但有时候，这种坚定不移的信念可能并不正确。

如果成长在一个充满复杂性、混乱或不确定性的环境中，我们会觉得我们所拥有的那些零星的、关于如何行事的指导原则至关重要。我们害怕一旦放弃这些原则，就会再次陷入混乱，所以我们会紧紧抓住它们不放。

这些原则，就是我们关于自己和世界的信念。我们可能会告诉自己，我们之所以会遭遇这些事，是因为我们一无是处，一切都是我们的错，或者我们的命运早已被注定。我们不仅会这样对自己说，而且还会深信不疑，因为至少这样我们还能为发生的事情找到一些解释。

然而，这种思维方式可能会让我们拒绝接受自己也有优点，当别人称赞我们的成就时，我们可能会贬低这些成就的价值。每当听到关于自己的正面评价，我们就会下意识地排斥，好像我们不允许自己相信这些好话。

相反，每当我们遇到挫折，我们就会轻易接受这些负面的事实或别人对我们的批评，让它们加深我们内心“自己一无是处”的感觉，对生活中那些证明我们也能把事做好的证据，或者那些真正关心我们的人，视而不见。

因此，要做出改变，我们需要勇于打破旧有的模式，彻底质疑我们的信念，即使它们看起来坚不可摧，也不一定是绝对的真理。很可能这些信念只是我们在成长过程中，因为大脑的可塑性极高而吸收的一些简单经验。

当开始质疑这些信念时，我们可能会感到不安，甚至有些眩晕，但这些感觉其实是我们走在正确道路上的标志。我们正在摆脱那些虚假的安全感，这些安全感是由我们的信念所提供的，我们可以通过改变视角开启新的篇章。

要获得一个客观的看法并不容易，因此我们需要格外留意那些心理健康的人，或者向那些能够理解我们问题的人（比如心理治疗师）寻求指导。我们应该成为世界的观察者，像第一次接触这个世界一样去探索它。一个健康生活的人会如何描述自己？他心情好的时候会怎么说？心情不好的时候又会怎么说？如果我们想要感觉更好，那么向那些我们认为活得很健康的人学习是合乎逻辑的。

但就像之前提到的，当我们骑着反向自行车时，逻辑也是相反的。所以，当看到那些看起来更快乐的人时，我们可能会用他们来对照自己，让自己因为没有达到他们的水平而自责，而不是把他们当作学习的榜样。同时，我们也可能会用自己已有的信念来过滤我们看到的一切，告诉自己，因为我们不够好，我们永远也不可能像他们那样，因为我们自身有问题。

当别人说我们很了不起时，我们可能会用一种心理上的“网球拍”把这些正面的评价挡回去，告诉自己他们只是在鼓励我们，他们并不是真的那么想。如果我们不注意自己的思维，它会不断地这样捉弄我们，因为它害怕放弃它的核心信念。如果放开了我们唯一确定的东西，我们还剩下什么？接下来会发生什么？我们可能会觉得，有一个负面的参考总比没有好。

在这个颠倒的世界里，好事看起来像是坏事，坏事看起来像是好事。我们坚持自己的想法，好像这样就能更好地理解自己或世界，但实际上我们并没有真正理解任何事情。我们认为控制一切能给自己带来安全感，但这其实是阻碍我们改变的囚笼。我们可能坚信，与所有人隔绝是解决问题的办法，但这实际上对自己造成了更大的伤害，让我们失去了情感的滋养。

我们可能会坚守一段对自己有害的关系，因为觉得自己配不上更好的，或者因为自己爱着那个人，认为这才是最重要的。但要记住，真正重要的是这段关系是否真的对双方有益，而不是是否爱对方。你可能会幻想有一个完美的伴侣，比世界上任何人都更爱你，但这种幻想并不会帮助你和现实中有缺点的伴侣一起生活。

如果一直沉浸在对理想父母的渴望中，或者一直回想成长中的家庭环境，以及父母现在如何与我们相处，这些思考会持续让我们感到不安。虽然这些梦想看起来很美好，我们可能觉得它们有好处，但实际上它们可能会对我们造成伤害。

在我们心中的幻想世界里，住着各种理想化的人物，一切都如我们所愿，似乎没有不可能的事。这些幻想让我们无法在现实世界中脚踏实地。但现实并不像梦想那样光鲜，现实生活中的人并不完美，他们有缺点，有局限，我们虽然有选择，但选择并不总是无限多。

每当把幻想世界和真实世界相比较，真实世界总是相形见绌。我们感到的只能是挫败或失望，因为我们会一再发现，现实并不像幻想的那样。事情就是这样，它们就是它们本来的样子。如果我们与现实对抗，而现实是唯一真正存在的，那么最终胜利的一定是现实。

人类有一种不可思议的能力，那就是拒绝接受现实。有一个超现实主义电影可以很好地说明这一点。在何塞·路易斯·库尔达（Jose Luis Cuerda）导演的电影《黎明》（*Amanece*）中，有一个场景是这样的：

一个老人和他的孙子（一个两米高的非洲黑人男孩）一起住在阿尔瓦塞特（Albacete）的山区小镇。老人每天都会走下楼梯，当他看到这个男孩时，就会惊慌失措地跑回去，大叫："家里有黑人，家里有黑人。"男孩回应说："爷爷，我是你的孙子，我已经和你一起住了20年了！"

这个例子说明，一个事件发生的频率或者它的显而易见性，并不会影响我们是否愿意接受它的存在。当某件事情不符合自己的思维模式时，我们就会拒绝接受它。否认现实并不会让现实消失，就像你用手指遮住月亮，并不能真的把月亮从天空中移走。如果不接受事物的真实面目，我们就完全无法改变它们。

那么，我们该如何处理心中的理想世界呢？我们是否应该放弃那些完美的梦想？其实，我们不必放弃任何一个梦想，我们只需要在现实世界中找到实现它们的方法，让它们变得有血有肉。我们心中理想世界里的一切都是合理且重要的需求。我们都需要爱、接纳、认可，都需要被我们感觉舒服的人包围，都需要在生活中取得成就。这些都是可以实现的，只是不会以一个完美无瑕的“白马王子”或“白雪公主”的形式出现，而是以一个我们可以愉快地与之共度生活的普通人的形式出现。

我们的目标不应该是弥补自己未能实现的梦想，而应该是帮助我们的内在小孩找到他们自己的目标，发挥他们的潜力。我们追求的不应该是一份能让自己名声大噪的工作，而是一个能让自己感到舒适、能与同事建立友好关系的工作环境。

我们不应该因为现实世界与我们的理想世界不一样就与它抗争，而是要学会在现实世界中找到理想世界的影子，不要因为它们不够完美就轻易放弃。慢慢地，我们在理想世界中寻找的一切都会在现实生活中出现。最重要的是，它们将是真实存在的。

适度“小恶”是一种自我保护

同样，我们用来克服困难的许多策略，并不是说它们本身有问题，但在今天可能已经不再适合我们，甚至可能会给我们带来困扰。坚强并不是一个绝对的优点，它只是帮助我们生存下来的一种方式。遗忘并不是一个真正的解决方案，它只是一个权宜之计，因为我们无法真正抹掉过去的记忆。当没有选择时，不做出反应可能是最好的选择，但当有选择时，毫无作为可能会更不利。

现在我们已经意识到，许多自认为正面的事情实际上并不总是正的，换个角度说，那些看似负面的事情实际上也并非如此糟糕。我们认为某些事情是正面的，可能是因为别人告诉我们它们是正的，此现象可能被所处社会的道德规范所强化。利他主义、慷慨或做好人的观念，在宗教文化中有着重要的意义。相反，自私和邪恶则通常被视为负面的。但我们早已知道，事物并不总是它们看起来的样子，下面让我们进一步思考一下。

我们可能觉得自私总是不对的，但实际上并非如此。自私就像是身体的饥饿感一样自然。如果我们有点自私，就会把自己的需求放在别人的需求之前，把自己看重的事情放在别人看重的事情之前。这种倾向会驱使我们努力让自己得到更多的关注。如果总是压抑自己的需求，总是牺牲自己去满足别人，那么我们就会慢慢感到内心空虚，情感上营养不良。

而且，如果总是无条件地付出，总是慷慨无私，总是迁就别人，从不拒绝别人的要求，那么我们可能会吸引那些只索取不给予的人，他们会享受我们的照顾，却不关心我们的需求。为了保持生活的平衡，我们需要学会适度地为自己考虑，有时候把自己的事情放在首位。这可能会让我们感到有些内疚，但请记住，随着时间的推移，我们会逐渐适应这种改变，我们的感觉也会随之改变。

“恶”这个词通常也带有负面色彩，我们可能不会自认为是坏人，而觉得自己是好人。然而，每个人都会做出一些不太好的行为。在生活中，完全不伤害别人是不可能的。

我们不是在说故意去伤害别人，而是指有时候我们必须为了维护自己的权益而与他人竞争，这种伤害是难以避免的。比如，你去参加一个名额有限的面试，你成功了，就意味着其他人失去了机会。如果你在工作面试中完全坦诚，不说出公司想听的话，你可能就得不到那份工作。如果你在竞争中让对手先行，那么他们就会赢。只要我们参与竞争，总会有人输。

如果在生活中不展现出一定的“恶”，别人可能就不会尊重我们。如果不为自己的权益而斗争，就无法得到我们真正想要的东西。我们周围的人也不是百分之百地无私或慷慨，只要牢记这一点，我们就能更好地按照生活的规则去行事。如果你读到这里感到不舒服，不同意这些观点，可能是因为你心中的理想世界是所有人都应该行为正直，一切都应该是公平的。

有些我们觉得坏的东西，其实只是因为我们第一次遇到它们的时候有过不好的体验。前面已经说过，脆弱并不总是坏事，但如果我们在最脆弱的时候被人伤害过，我们就可能会把脆弱和危险联系起来。这样，我们就不敢表现出自己的脆弱，结果反而可能会对自己造成更大的伤害。

另一个例子是我们对“软弱”的看法。如果总是靠自己坚强和努力来克服困难，我们可能会过分强调坚强的重要性。长大后，如果见过一些强壮的人伤害那些软弱和顺从的人，我们可能会把软弱看作是被伤害的代名词。因此，当感到无力的时候，我们就不会向别人寻求帮助，从而失去了可能对自己有帮助的资源。我们总是试图完全依靠自己，这样很容易让自己感到筋疲力尽。当这样生活时，我们不会感到快乐，因为我们对“软弱”有一个负面的看法，我们会因为自己不够强大而感到难过。

有些感觉被认为是负面的，只是因为它们让人感到不舒服，我们已经习惯了避免这些感觉。我们越是避免这些感觉，它们就会变得越让人难以忍受。到头来，我们的身体便没有机会去适应它们。

比如，如果我们总是轻易放弃，努力的感觉对我们来说可能是不愉快和令人疲惫的。但如果我们坚持一项运动，那种努力的感觉实际上是正向的（虽然不是令人愉快的），因为它能帮助我们提高体能，超越自己。如果总是避免努力，我们就失去了成长的机会。我们也不会得到只有通过持续努力才能获得的长期成果。

如果我们未曾亲历努力带来的正面效果，开始着手有价值的任务时，就难以激发内在动力。沉浸在懒惰和个人懈怠的不适中，寻找另一种不愉快的感觉是没有意义的。如果我们不去感受努力，不去追求它，我们就不会学会如何管理它，我们的身体也不会自动适应它。

另一个让人觉得不舒服但非常重要的感觉是不确定性。学会接受不确定性很重要，因为变化（比如从人生的一个阶段过渡到另一个阶段）总是伴随着这种感觉。只要我们无法完全掌控，就会感到不安全，不知道接下来会发生什么。想想看，在一些不健康的依恋模式中，探索新事物并不容易。我们没有那种内在的安全感，因为我们从小就没有一个稳定的依靠。所以，我们总是试图控制一切。

然而，如果不去探索，就不会学到新东西；如果不经历不确定性，就无法成长。有时候，这种对不确定性的恐惧会让我们宁愿留在熟悉的糟糕状态中，也不愿意冒险尝试未知的好事物。但如果能学会接受不确定性，我们就能更好地适应变化，享受探索的过程。

如果总是尝试不同的做事方式，走不同的路线，去不同的咖啡馆，尝试新的食谱，做一些并非必需的改变，我们就能逐渐习惯不确定性，甚至开始享受它。这样，我们就能更自由地发挥创造力，探索新的可能性，冒一些值得的险。如果我们因为过去的创伤而变得固执，那么学会接受不确定性就是改变的第一步。

每个人需要改变的方面可能都不一样。它们通常是那些让人感到无法忍受的事情。正是这些让人无法忍受的事情，恰恰需要我们学会去适应。如果不能忍受事情不按计划进行，我们就需要学会接受一些混乱；如果觉得每件事都必须做到完美，我们就需要学会欣赏不完美；如果不习惯在别人面前流露情感，我们就需要学会表达自己的感受。当然，一开始这样做可能会让我们感到不舒服，但重要的是要问自己："这样做对我有好处吗？"

第 *17* 章

锻炼最紧绷的肌肉，找回平衡

如果你把每个问题都看成是生死关头，

那你将会“死”很多次。

——卡洛斯·卡斯塔内达（Carlos Castaneda），

美国作家

人的右手并不比左手更高贵。只有当一只手受伤时，人们才会意识到两只手都很重要。虽然对于右撇子来说，许多事情都习惯用右手来做，但完成工作往往需要双手配合。

同样的道理也适用于大多数心理活动：我们需要两种截然不同的能力，才能做出平衡的反应。有时候，我们可能更倾向于使用某一种能力，而有时候则需要另一种，这完全取决于我们面对的情况。如果总是倾向于使用一种能力，或者拒绝使用另一种，我们就无法达到平衡。结果就是，一些能力会变得不发达，而另一些则可能过强，导致我们失衡。

为了重新找到平衡，我们需要提升较弱的能力，同时让过强的能力得到适当的休息，以此来恢复一个合适的比例。

有时候，感到快乐是自然的；有时候，感到悲伤也是正常的。如果能够接受这两种情绪的存在，我们就能享受快乐，也能在悲伤时得到他人的安慰。但问题出在我们不允许自己享受快乐，因为我们总是告诉自己应该去做一些更有用、更高效的事情，而不是浪费时间。

我们可能更习惯于感到悲伤，但如果没有快乐的时刻来平衡，悲伤就会变得越来越沉重，最终可能会压垮我们。

我们可能觉得自己必须做出选择：要么牺牲自己的需求，屈服于他人，要么与他人发生冲突。但理性的做法是学会坚定地表达自己，用一种清楚、礼貌但不激动的方式说出自己的想法，而不是轻易妥协。这听起来难吗？那就多练习吧！如果习惯了退让，却不擅长坚持自己的需求，那我们就要加强这方面的能力。比如，我们需要学会说“不”。试着大声地多次说出“不”这个词。如果这样做让自己感到不安，那我们就需要在这方面多下功夫。每天重复“不”这个词50次，不久后你就能脱口而出。

然后，可以在一些不太重要的情况下，先对那些不会给我们太大压力的人说“不”，在这些情况下后果是无关紧要的。比如，当服务员问我们是否想要甜点时，或者有人打电话来推销新的电话套餐时，我们可以给出一个清晰的“不”。接下来，我们会逐渐提高练习难度。除了学会说“不”，还应该学会坚持自己的立场，至少要比平时做得更多。

重要的是，即使别人批评我们的态度时，我们也不要让步，不要陷入辩解或反击。这种在不失控或屈服的情况下坚定立场的能力，被称为“断言性”（assertiveness）。当然，一旦我们培养了这种能力，就不必持续不断地进行这些练习，但要留意不要忘了它。记住，如果旧习惯还没有完全改变，那么很容易旧态复萌，这是很自然的事情。但随着不断练习，新的应对方式会变得越来越自然。当我们觉得合适或者被说服的时候，就能更容易地做出让步，或者坚定地说“不”，或者争取我们真正想要的东西，而这个过程也不会太艰难。

生活中可能会遇到各种两难困境，它们都基于一个错误的选择：我们把两个选项的极端版本对立起来，然后在它们之间纠结。我们已经知道，走极端通常不是好办法，但我们的信念可能会让自己觉得只有一个极端是正确的，哪怕我们偏离了一点点，也会觉得好像掉入了另一个极端。

例如，有时我们可能会承担过多的责任，全力以赴，认为这是自己应该做的，或者这是别人对我们的期望。我们可能会告诉自己，如果不这样做就会变得不负责任，一切都会一团糟。如果在成长过程中遇到了要求严格的父母，而自己又不得不扮演一个角色，如扮演一个努力学习的哥哥或姐姐，而自己的另一个兄弟姐妹则不学习，在家里制造了很多麻烦，我们就可能会过分强调做好事情的重要性：这是别人对我的要求，也是我不得不扮演的角色。

另一个极端，即不负责任和无忧无虑，在我们看来可能非常负面，因为自己的兄弟姐妹在家庭中就是这样被评价的。要打破这种模式，我们就得学会放松对自己的要求，尽管这可能会让自己感到不安，因为这意味着自己可能会变得和兄弟姐妹一样。

但要知道，从一个极端走向另一个极端并不是解决问题的办法。如果我们总是对自己要求过高，最终可能会因为焦虑或抑郁而无法承担任何责任。所以，我们需要找到一种平衡，既能承担责任，又不会让自己筋疲力尽。

如果长时间处于极端的环境下，或者从小就在那样的环境中长大，我们的反应很可能会变得很极端。我们可能会更加倾向于某一种反应，而排斥另一种，或者在两者之间来回摇摆。无论哪种情况，真正有效、适度的反应往往不会出现。重要的是，我们需要理解这些反应的根源，并制定出能够引导自己走向更平衡反应的策略。

比如，如果感觉到父母对我们有所排斥，我们的大脑可能会尝试用不同的方式去处理这种感觉。我们可能会努力寻求他们的认可，这种方法通常效果不大，因为对孩子的排斥是父母的问题，而不是孩子有缺陷。不管我们做什么，父母都可能觉得不够好，但我们自己可能意识不到这一点，我们会不断地努力，试图去获得我们所需要的认可，但这种认可可能永远都不会到来。这样，我们就可能变得苛刻、追求完美，而那种“永远不够好”的感觉也会一直伴随着我们。

还有一种可能是，我们对排斥的信号变得过于敏感，同时也会排斥自己，甚至排斥他人。我们可能会担心，如果说出自己的感受，做自己想做的事，或者允许自己拒绝别人，我们就会孤独一人，没有人会喜欢我们。这些感受可能会让我们变得内向、害羞、容易尴尬，并且过于顺从。

在任何情况下，我们都需要意识到问题的核心。我们之所以会在家庭中经历这些事情，是因为父母给了我们有条件的接受。我们需要记住，家庭中的规则并不是世界的规则，我们在家里的经历并不一定会在我们遇到的所有人身上重演。

如果我们发现自己总是从一个极端跳到另一个极端，比如时而压抑自己，时而爆发，时而把人想得太好了，时而又恨他们，时而情绪低落，时而过度活跃、兴奋，时而完全敞开心扉，时而防备心重，时而全身心投入，时而转身逃跑，那么解决的办法并不是简单地选择哪个极端是“好的”。

真正的问题在于，我们无法在两个极端之间找到平衡。我们像是直接从 A 跳到了 Z，好像字母表中没有中间的字母一样。我们需要学会在中间地带运作，比如 G、L、N 等。当意识到自己有某种倾向时，不管是什么倾向，如果能够及时止步，不让自己完全被这种倾向所控制，我们就会更容易找到平衡点。

比如，当感到特别高兴的时候，我们可以通过静下心来思考一下自己想做的事情可能带来的问题，来帮助自己冷静下来。当情绪低落时，我们可以尝试做相反的事情，提醒自己生活中还有很多美好的事物。当遇到新朋友时，我们不会立刻向他们倾诉一切，也不会立刻深入他们的生活。如果注意到新朋友身上有一些我们不喜欢的小缺点，我们会尽量不去因此而否定整个人，而是保持一定的距离，继续与他们交往。这可能会很难，因为通常当处于极端情绪时，我们好像就会忘记还有另一种可能性。

消除极端情绪，你可以这样做

一个可以帮助自己的方法是，当处于一种极端情绪时，给自己写一封信,信里写下我们在另一种极端情绪时需要记住的事情。比如，如果因为全心全意地对待某人而感到失望，没有得到期望中的回应，我们可以为自己找到一些理由，下次不要那么投入，而是留一些时间和精力来照顾自己。或者，如果我们在做出不负责任或有害的行为和因此感到极度内疚之间摇摆，我们可以写下为什么这样做对自己不利。下次再想做同样的事情时，就先读一读这封信。

另一种方法是观察自己在哪些方面容易走极端，然后坐下来想象一下，如果不走极端，而是找到一个中间点，那会是什么样子。比如，我们如何能在坚定自己的立场时既不让步也不失控？如果稍微向别人敞开心扉，但又不完全暴露自己的私事，我们会怎么做？我们会思考，如果考虑到别人的感受，我们不会做哪些事情，但又不会完全封闭自己。或者，如果不是总是尽力做到最好，而是留一些余地，我们会如何行动？

我们需要具体地想象这些替代方案，详细地描绘出它们，想象自己正在这样做，然后开始实践。一开始，我们可能会感到非常不舒服，因为旧习惯仍然在影响我们，但随着时间的推移，这些感觉会逐渐变得正常。

无论如何，就像改变行为模式一样，重要的是首先不带任何负面评价地观察自己的行为，理解自己是如何走到今天这一步的。然后，我们需要在必要的时间内练习那些通常不会做，或者会避免做的事情。就像之前提到的德斯坦和他的反向自行车一样，我们需要经过无数次的尝试，接受过程中一次又一次的失败，并坚持下去，直到一个新的模式开始形成并变得稳定。

我们一直在努力和自己和解，接纳自己性格中的各个侧面，并帮助它们从最初的模式发展成新的风格，这个过程将帮助我们找到新的平衡。通常，当我们内心感受到截然不同的声音，或是内心冲突特别激烈时，每一方往往都代表着一个极端的立场。我们性格中的这些部分，最终可能会停止争夺哪一个是更好的极端，而是转向共同努力，向着共同的目标前进。

任何过于激烈的反应都需要有所缓和，但在情绪高涨的时候，要做到这一点可不容易。关键在于，在这些反应出现之前，我们就要先做出改变。比如说，通过及时处理小的不快，我们可以预防愤怒的大爆发。如果能够留心日常生活中的小烦恼，并及时采取措施，比如礼貌地表达不满，或是远离让自己不快的环境，我们就不会让这些烦恼累积起来。这样，我们就不太可能突然之间爆发出无法控制的怒火。否则，我们就像是一口压力锅，压力不断上升，却没有释放的出口，我们都知道这样下去会发生什么……我们需要适时地打开那个解压阀。这样，我们才能像一口锅一样，烹饪出美好的生活。

守护情绪界限，掌握真正的自由

请试想一下下列情境：

母亲总是忧心忡忡，对一切都感到焦虑，我必须每天都给她打一通电话。我并不想每天都打电话，毕竟我已经不是小孩子了，觉得这样做并不合理。但如果我不这么做，就得面对她的责备。

每次打电话，她的责备都是一样的，这让我越来越不想打电话，但我还是坚持在打。当和她交谈时，我没有坦诚地表达自己的想法，而是把话咽了回去。直到有一天，可能是因为一个小小的导火索，我终于忍不住了，用很不好的态度对母亲说话，她最后哭了，告诉我我的性格和父亲一样难以相处。我感到非常糟糕，对自己说，我再也不会这样了……

该如何解决这个问题呢？显然，如果长时间自我折磨，对自己的行为进行无休止的反省，并不会带来太多帮助。但如果能够从一开始就用一种积极的方式来处理自己的愤怒，那么就有可能实现改变。我们应意识到自己对于这种依赖感到不满，并坚定地决定不再频繁打电话，尽管会收到诸如“你是个不孝子，只关心自己”之类的信息。要告诉自己，偶尔做个“坏人”其实是一种健康的表现，而且我们也需要为自己考虑一些。否则，我们不仅会感到内心的痛苦，而且周围的人也会因为我们的行为而受到影响。要允许自己感受到内疚和不适，但不再让这些情绪控制我们的生活。

我们要相信，随着时间的推移，身体会逐渐适应这些感觉。我们不逃避任何情绪，但也不让它们主导生活。我们允许愤怒成为前进的动力，允许自己感受到它，并按照它的指引去行动。记住，如果我们每天都坚持这样的练习，大约八个月后，即使周围的人没有变化，我们自己也会有所改变。有时候，别人甚至可能会有意想不到的积极变化，但这只是额外的惊喜，我们不应该把它当作主要目标。

在学习如何在复杂情感中找到平衡的过程中，有一点要注意，那就是我们一开始可能会显得有些笨拙。如果我们习惯了迁就他人，想要突然变得坚定而有自制力，温和、平静地表达愤怒并不现实。一开始，我们可能会在某些方面做得不够好，或者表现得过于胆怯，或者过于紧张，或者不知道如何恰当地控制自己的情绪，使其既不压抑也不失控。由于我们正在尝试改变一种长期养成的行为模式，我们可能会在某些时候反应过度，或者在形式上做得有些过火。但重要的是，我们要不断地调整和完善这些反应，同时对我们的初步尝试保持宽容，并进行大量的练习，直到能够熟练地掌握它们。

因此，从小事做起，从不那么重要的情境开始练习，而不是一开始就直面最复杂的情况，这是一种更为明智的做法。通常情况下，与新建立的关系相比，改变那些已经形成固定行为模式的旧有关系要困难得多，尤其是与原生家庭或者那些与我们有着复杂关系的人。如果从简单的事情开始练习，当面对更复杂的情况时，我们已经积累了足够的资源，并且已经练习得足够多，以至于这些资源已经融入我们的行为模式中。

还有一点需要注意，如果长期压抑自己的某种行为、思考或感受，一旦释放了这些压抑，可能会错误地认为问题就此解决，自己已经完全恢复了。实际上，我们可能只是从一个问题跳到了另一个问题，而自己却没有意识到。尤其是当最初的情绪是不愉快的时候，我们很容易将新出现的正面情绪误认为是健康的标志。下面举几个例子来说明。

如果我们总是避免冲突，表现得很温和，可能会误以为现在开始为了小事争吵，就是在维护自己的权益，表现出自信。但实际上，不是每次争执都值得去吵，这种好斗的态度最终只会让我们与他人疏远。有时候我们选择不争辩，不是因为我们没理，而是因为这不值得，或者对自己不利，这些考虑也很重要。

如果我们以前很少表达愤怒，现在开始允许自己生气，可能会把粗鲁、敌对，甚至是攻击性的行为，错当成是坚定和自信的表现。重要的是，在表达不同意的观点或与他人对峙时，我们应该尽量保持对对方的尊重，即使对方可能没有对我们表示同样的尊重，我们也不应该因此而降低自己的行为标准去匹配他们的无礼。同时，也要倾听对方的观点，因为即使我们坚信自己的立场，也可能犯错，捍卫自己的观点并不意味着不进行对话。

如果我们以前总觉得自己不如人，现在开始自我肯定，可能会开始享受那些以前抵触的感觉，比如出风头、赢过别人、控制别人、感受到力量和控制感。这些情绪可能会让人上瘾，尤其是如果我们从未体验过它们。内心可能会感到极度兴奋和一种强烈的幸福感，仿佛所有的问题都消失了。我们可能不想再回到以前的感觉，认为在经历了世界对自己的不公之后，我们有权利享受这种感觉。但事实上，这并不是最好的状态，只是之前状态的另一极端。如果我们继续这样下去，会发现它有很多负面后果。别人会对我们产生戒心，建立真正的关系和深入的联系会变得更加困难。我们会与自己的脆弱脱节，这会带来许多负面影响。

当我们开始改变自己的一些极端行为时，可能会不小心走到另一个极端。比如，以前太害羞，现在太随意；以前不太会表达悲伤或痛苦，现在变得太情绪化；以前过于自信，现在变得对自己怀疑；以前总是冲动好斗，现在变得太脆弱；以前总是自己搞定一切，现在变得过分依赖别人。这些新感觉可能让我们感到不适应，就像是走出了舒适区，但这其实是好事，说明我们正在尝试新事物，勇于探索。

接下来，我们需要学会适应这些新感觉，并学会调整我们的反应。如果我们把这个阶段看作是一个过渡期，就能更理解自己，也能更客观地评价自己。很可能那些习惯了我们总是顺从、不反抗的人，会对我们的改变感到不满，甚至质疑我们，这并不是因为他们不好，而是因为我们打破了他们的习以为常。但同时，他们的意见也可能帮助到我们，让我们知道如何更好地设定界限，如何更好地表达自己。

有时候，周围人的反应可能会想要让我们回到老路上，他们可能会对我们的新态度表示反对，甚至说些让我们不舒服的话，比如“你最近怎么这样了”“你疯了吧”“我受不了你现在这个样子”。特别是如果这些人就是我们过去行为模式的推手，他们的话我们应该特别小心。比如，如果你是在一个总是不满、总是批评你的母亲身边长大的，那么你不管做什么，她都不会满意，所以当她反对你的时候，你不应该太在意，因为她一直以来都是这样。又或者，如果你有一个很强势的父亲，他可能会因为你的反抗而惩罚你，因为在他看来，只有完全服从他才对。

这些人的看法对我们的影响可能最大，因为他们和我们的过去、我们的问题有着千丝万缕的联系，但这并不意味着他们的看法就是最重要的。有时候，那些和我们关系不太密切的人的看法，可能更中立、更有价值。无论如何，那些对我们的改变没有太多负面评价的人的意见，我们也应该听听。

如果我们在成长，我们周围的环境也需要跟着变化。有时候，这种变化会自然而然地发生，但有时候可能会遇到阻力，就像移动拼图时会发出嘎吱声一样。任何改变都可能在最初引起系统的反抗，因为它想要回到原来的平衡状态。但如果我们就是那个为原来的状态付出代价的人，如果那个状态对我们来说意味着损失或痛苦，那我们就应该带头改变，寻找新的状态。

如果这个系统是灵活的，过一段时间它就会适应新状态。如果它太死板，我们就需要持续努力，或者彻底改变这个系统。记住，作为成年人，我们有能力改变自己的处境，我们可以引入新的因素，或者考虑新的可能性。唯一没有意义的，就是坚持一个让我们不快乐的现状。

第 *18* 章

掌控决定的关键时刻

如果你该做选择的时候没做，

那本身就是一种选择。

—— 威廉 · 詹姆斯（William James），

美国心理学家和哲学家

或许你读到这里，心里会想：“没错，我确实需要改变很多。”但知道要改变并不够，关键得下定决心。我们得下定决心去做出改变，去做该做的事，去调整我们的视角，去为自己争取。然而，当我们面临这些问题时，真正采取行动并不容易。

很多人在家庭、伴侣或其他重要的人际关系中遭遇了不愉快，他们感到被困，对自己的处境感到遗憾，但却止步不前。他们觉得所受的待遇不可原谅，认为因此有理由一直愤怒。他们感到自己被世界不公平地对待，困惑为什么偏偏是自己遭受这些，他们自视为不幸的受害者或是命运的弃儿。有时候他们会去接受治疗，但目的不是寻求改变，而是希望有人倾听他们的经历，理解他们所经历和持续遭受的痛苦。

我们可能会对“需要改变的是我自己”这种想法感到抵触。我们会想：“应该改变的是他们”“如果世界正常运转，就不会发生这样的事”“我就是这样，我改变不了，也没必要改变，是他们太自私”。我们觉得自己占理，可能在很多方面也确实如此。但即使我们是对的，那又能怎样呢？反复思考世界的不公或别人的行为，对我们有什么帮助吗？只是反复念叨别人应该怎么做，就能改变现状吗？我们的这些想法并不能改变现实。实际上，这样只会让我们更加深陷困境，更难向前迈出步伐。我们会感到无能为力，动弹不得。

无助的感觉，就像是踩刹车的同时踩油门。你越是踩油门，引擎磨损得越严重，而车子却一步也不动。这种感觉驱使我们想要改变现状，想要采取行动，但目前看来，似乎没有什么可行的办法，就像是走进了死胡同。我们指望道路能自己变方向，或者希望有人能清理掉挡道的石头，因为那是他们管理不善造成的。

我们对自己的处境感到沮丧，却不去尝试寻找新的道路，因为我们认为解决问题不应该是自己的责任。如果我们对这种感觉非常坚定，就会认为这是显而易见的事实。我们不愿意拓宽视野，实际上，当别人试图给我们提供不同的视角时，我们甚至会抵触，认为他们不理解我们，不明白我们经历过什么。我们坚持自己的看法，固执地待在一个自己并不喜欢的情境中。

有时候，这种感觉来自我们不太能意识到的情感障碍。我们第一次感到无助，可能是在自己没有选择的情况下，是自己无法面对造成这种情况的人的时候。我们不得不压抑自己的本能反应——那种想要保护自己、做出反击的本能。这种反应在我们内心留下了一个未能完全发展的反应萌芽。这个障碍会持续地和那种反应挂钩，哪怕现在我们面临的情况已经有了解决办法。我们看不到这些出路，即使看到了，也会因为内心深处某种自己也说不清的原因，而无法采取行动。

比如，如果我们小时候遭受过侵犯，内心可能有过一个“住手！住手！”的呼喊，但它并没有变成实际的呼救声。我们可能梦想过逃走，但在童年时期，离家出走、自力更生的选择并不可行。

正如在这本书开头提到的，一头小狮子不会去挑战狮群的首领，它的本能智慧会让它按兵不动，不会去激发它天生的战斗本能，因为现在还不是挑战的时候。它也不会离开群体，因为它还不能独自生存。毫无疑问，当它长大后，它可能会挑战曾经支配它的那只狮子，如果真打起来，年轻的狮子很可能战胜年老力衰的狮子。它只是在等待时机，顺其自然。

人类会把事情搞得更复杂。我们最宝贵的能力（反思能力）会带来变化，围绕正在发生的事情编织思想，有时这些思想会在我们心中形成一个难以解开的结。我们会因为没有反应、没有自卫、没有离开而感到难过。但小狮子不会有这样的想法，因此它的内心不会阻断。

等它长大了，它不会讨厌小时候的自己，不会排斥内心中那个脆弱和容易受伤的小狮子。当它放松时，它仍然可以尽情玩耍，它会允许自己和其他同类在一起，能够安心地与它们相处，只是享受彼此的陪伴。它不会对自己说“如果我不让自己显得脆弱，就不会再受到伤害”。它只是会顺其自然地成长，它的爪子和牙齿会逐渐变得锋利，它从身体的每一个细胞都能感受到，如果需要，它可以保护自己，它正变得越来越强大。它会练习发出成年狮子的吼声。

人类有时会试图改变事物的自然规律，会抑制自己的愤怒，并对其进行道德分析。我们会因为感到愤怒而自责，因为愤怒让自己想起了那些曾经认识的好斗之人。我们的大脑会记住我们生活中那些重要的人，并以此为基础形成一套内心调节情绪的模式。

了解并接受自我，就有改变的可能

就像之前说的，我们最初被如何照顾，就会如何照顾自己；我们被如何调节，就会如何调节自己。如果我们总是把愤怒藏在心里，只有当它积聚太多爆发时才表现出来，我们就无法像小狮子一样，在认识自己的力量的过程中成长，通过玩耍学会战斗，在需要的时候勇敢地面对挑战。或者，如果我们总是模仿那些好斗的人，不加选择地攻击周围的一切，我们会试图在还没有足够强大的时候就成为一只成熟的狮子。

但这样做，并不会更好地保护自己，因为我们攻击的往往是那些我们能够轻易控制的人，或者是那些想要帮助我们的人，而不是那些真正对我们造成伤害的人。或者，当我们真的有能力面对挑战时，我们却因为可能需要付出的代价而退缩，这比我们想要保护自己的东西更具破坏性。

这些反应的阻断可能并不仅仅来自我们对它们的看法。就像情绪一样，我们的反应调节很大程度上是意识之外发生的。面对有害情境时的主动反应可能会本能地被阻断，因为在意识到之前，直觉系统就已经判断出这些反应并不适合当前的环境。这些想要采取行动的冲动，并没有真正得到执行，它们既没有完全实现，也并没有彻底消失。

不知怎么的，那些本应激发我们战斗本能的愤怒，却变成了紧张和无力的感觉。那些本应驱使我们逃跑的恐惧，却留在了我们的身体里，变成了持续的不安和焦虑。当面临新的、触发我们生存本能的情况时，这些反应在被阻断的状态下被激活。当需要做出反应时，我们只感到无能为力，选择了逃避，而实际上我们完全有能力直面挑战。无论多么责怪自己不够坚强、太过懦弱，我们都无法解开这些心结。事实上，我们对自己的愤怒可能只会让这些心结更加难以解开。

这并不是说我们就束手无策了，但我们要采取的任何行动，都得基于对现状的了解。就像之前讲的，我们只能改变那些我们认同并理解的内心的东西。这些反应大多是自动的、不太需要意识参与的，如果我们只是任由它们自然发展，问题不会自己解决。如果我们发现自己困在不喜欢或对自己不利的模式里，就得下定决心去做出改变，并且要为之努力。明白了问题所在，我们就得往正确的方向使劲儿，找到那扇能带我们走出困境的门。

很多时候，我们会白费力气，坚持一些不可能的办法，或是因为自己的处境而自责，或是拒绝改变那些对我们有害的事情。要想让自己的努力有成效，就得针对那些关键点，努力改变自己的信念、交往方式，甚至是对自我的认知。为了彻底改变这些模式，我们需要做出一个明确的决定，一个对自己的承诺。

通常，要经历很长时间的不舒服，才会做出这样的决定，但要告诉自己："我不能再这样下去了。"其实，仅仅一个决定并不会让我们产生变化，但没有决定，变化便无从谈起。

一旦做出决定，就需要持续地向目标迈进。你可以告诉自己"我已经走到这一步了，必须得有所改变"，并且要将这变成坚定不移的决心。无论遇到什么困难，都要坚持下去。或者可以说"我得掌控自己的人生"，从那一刻起就牢牢地把握住它，不管前路如何坎坷。

一个只是空谈而没有实际行动的目标是没有意义的。为了让这个决定成为我们对自己的承诺，以及我们想要实现的改变，我们需要准备好面对过程中可能出现的无数疑问、障碍和诱惑。重要的是，这是一个经过深思熟虑的决定，我们要清楚自己面临的困难、之前做过的无效尝试，以及那些对自己不利的因素。我们不只是要让船扬帆，我们还要学会乘风破浪，不管遇到什么天气。

改变并不容易，哪怕我们下定决心，也会遇到旧习惯把我们往回拉的情况。我们需要时刻提醒自己，不能被那些无意识的反应所左右。一旦我们稍有松懈，就可能一切回到原点。特别是在压力大或情绪低落的时候，这种挑战尤为严峻。这时，我们新形成的习惯还很脆弱，就像在暴风雨中航行，很难保持稳定，就像德斯坦学骑自行车，一开始任何小干扰都可能让他失去平衡。在学习新事物的过程中，我们可能会有进有退，这是正常现象。

在我们情绪不稳的时候，那些消极的自我对话可能会卷土重来，比如“我做不到”“我现在真的很糟糕”。这些想法似乎在告诉我们，不管学了多少，这次我们也无能为力。尽管知道这不是真的，但在那一刻我们可能会感觉到之前所有的努力都白费了。

这时候，我们之前在自己状态好时写给自己的信就能帮到我们，它可以帮助我们回想起自己真正想要什么，或者我们已经取得了哪些进步。我们需要为那些情绪低落的时刻制订应对计划，因为这些时刻肯定会出现。真正的进步，更多地取决于我们如何应对低谷时期，而不仅仅是在顺境中的表现。

抱持鸵鸟心态，问题始终存在

让生活变得更好，关键是要解决那些悬而未决的问题。有时候，我们一旦感觉好一些，就会自诩“好了伤疤忘了疼”，而没有真正去深挖问题的根源，也没有彻底解决那些让生活变得复杂的老问题。我们只是觉得心情变好了，就不想再去触碰那些不愉快的事情。然后，我们又试图继续前行，假装一切都没发生过。

我们不愿意去面对那些痛苦的记忆，因为那里面的东西触碰起来仍然让人害怕。但是，这样做就像是盖房子却不打牢地基，用的材料也不结实。可能刚住进去感觉还不错，比起以前也算是个进步，但就像三只小猪的故事一样，草房子在大风面前是站不住脚的。

我们不能光自我安慰，说一切都会好起来、没问题，这种乐观和总是担心未来会有坏事发生一样，都是片面的。生活就是会有起有落,关键是我们得有足够的本事去面对挑战。真正的改变，是要建造一个结实的房子，有牢固的基础，用好材料，这样我们才能既在风雨中站得住也能在阳光明媚时安心享受。

然而，阻碍我们向前的不仅仅有旧习惯，“未来”也可能带来很多挑战，让我们退缩，给我们的道路设置障碍，或者拖慢我们的脚步。我们内心深处可能会有个声音说我们不配拥有幸福，因为还在为过去发生的事或者当时的反应感到内疚或羞愧。我们可能会感到恐惧，因为变得更好意味着要去面对那些我们已经逃避或从不敢触碰的生活领域，比如深入人际关系，勇敢面对冲突，争取我们真正想要的东西，或者放下一直背负的重担。同时，这也意味着要对自己的生活负责，这固然是件好事，但另一方面，我们可能会觉得这是个重担，担心自己还没准备好挑起来。

要决心让自己变得更好，我们需要全身心投入，心里的每一个角落都要同意这个决定。我们要达成一个共识，和自己立下一个约定，带着内心的种种声音，包括那些童稚的部分、挑剔的部分，以及构成我们的一切，一起向前走。这需要我们不断地和自己的内心对话，去理解为什么那些根深蒂固的信念会时不时地冒出来，哪怕我们已经努力去解决了很多滋养这些信念的负面记忆。

当我们经历了长时间的困境，这些困境给我们的感觉会非常深刻，要慢慢解开心结需要时间。我们必须对自己有足够的耐心，理解重新学习新事物、彻底放下旧习惯是多么困难的事情。

要记住，就像德斯坦很快就能重新骑回他以前的自行车一样，那些旧的模式还在那里。当然，新模式也正在形成。所以，如果有一天我们发现自己退步了，只要我们记起自己坚定的决心，就会立刻回到正轨。

一个现实的决定也意味着要预见到我们可能需要的帮助，我们需要准备的资源，以及我们应该在哪里停下来补充能量。如果我们以前总是试图不求助于人，现在可能需要学习如何接受帮助，因为很多事情有了别人的支持会变得更加顺利。踽踽独行只会让我们更容易放弃。

当然，我们也要明智地选择求助的对象，以及在多大程度上依赖他们。但没有人能替我们做出这个决定，也没有人能替我们设定与改变相关的目标。如果我们自己没有决心去改变，不管得到多少帮助，都是不够的。

第 *19* 章

用新眼光看待过去

今天的我，已不再是过去的那个人。

——巴勃罗·聂鲁达（Pablo Neruda），
智利著名诗人

试着重新审视自己的回忆吧！我们努力改变了自己，现在更懂得自己的感受，也更擅长和自己不同的情绪、内心的各种声音相处。回想自己的往事，有些记忆还是让我们感到非常痛苦。

要重新体验那些经历真的很难，这样做可能会再次触发我们曾经为了避免痛苦而建立的心理防线。这可能会让我们感到失落，想要逃避这些记忆，但我们已经明白逃避不是办法，那该怎么办呢？

要谨记一件重要的事：记忆带来的恐惧或排斥其实是一种错觉。当那些事情在发生时，我们可能觉得自己受不了，认为那是无法承受的。但现在回想起来，尤其是如果我们一直在努力改变自己的内心，我们已经更加有能力去面对它。至少，我们可以停止逃避，开始勇敢面对这些记忆。

当我们正视它们，会发现那些让自己害怕的阴影其实并不像想象的那么恐怖。记住，如果给自己足够的时间，我们的身体会慢慢适应那些感觉。实际上，有一种心理治疗方法就是通过逐步接触那些我们一直逃避的记忆，来帮助我们克服它们。

有效摆脱创伤困扰

有时候，一些深刻的记忆在不知不觉中影响着我们，但我们可能并没有意识到它们的存在，或者它们对我们现在生活的具体影响。虽然我们知道有些事曾经发生过，但却不太清楚它们的真正意义和对我们现在的影响。不是所有的记忆都那么容易被触碰，有些记忆可能被埋藏得很深，甚至我们自己都不记得它们发生过。面对这种情况，需要先做的一件事是去找回那些不太容易触及的记忆。

偶尔静下心来，花上一点时间仔细回想，可以帮助我们更好地与这些记忆建立联系。比如，我们可能觉得自己已经解决了某个问题，但如果我们停下来，认认真真地用一分钟的时间去回想那个情境，同时留意身体的感觉，就可能会发现一些之前没注意到的细微感受。

这一分钟要实打实地用，从头到脚好好感受，注意呼吸、姿势、哪里感到紧张、哪里感到疲倦、胸部和腹部的感觉。很多时候，我们可能会忽略自己的感受，甚至没意识到它们的存在。我们可以试着把手放在感到最不舒服的地方。

如果这样做时的感觉，和想一些日常事务时的感觉不同，那这些感觉就很重要，值得关注。如果感觉不到什么，就把手放在胸口或肚子上，只是简单地观察呼吸。这个练习的目的是学会观察自己的内心，停下来关注内在的感受，学会照顾它们，而不是逃避或抑制它们。通过这样做，可能会开始注意到一些之前没觉察到的感受，看到它们如何自然地调整，或者观察到我们的思维如何影响情绪的起伏变化。重要的是要明白，这不是一个简单的放松练习，而是一次深入了解自己的机会。只有持续、耐心地去做，才能真正看到效果。

对于那些还没完全消化的记忆，能够把它们分享出来很重要。

很多时候，我们可能从没对人提起过这些经历，尤其是对那些能懂我们心情的人。有时，我们总是想尽快忘掉过去，就不愿再提起那些事。或者，我们对别人不够信任，也让我们难以开口。有些记忆可能会让我们感到特别羞愧或看不起自己，所以更难把它们说出口。

也许，我们还从没找到人可以分享伤心和痛苦，现在要分享也感觉很难。但是，和别人分享痛苦，是减轻痛苦的最好方法，它能让我们感受到别人的理解与安慰。为此，我们需要学会表达自己的痛苦，而不是用愤怒来保护自己，或者隐藏在我们已经建立的保护壳后面。

有些治疗方法可以帮助我们，特别是当那些记忆被封闭了，或者即使我们面对它们，那些感觉还是挥之不去的时候。比如，EMDR 疗法就是一个很好的例子，很多科学研究都证明它在处理创伤性记忆方面很有效。

这种疗法通过眼部运动或其他交替的触觉或听觉刺激，帮助大脑解锁，整合那些被隔离的经历。这个过程有点像我们在睡眠中的快速眼动（REM）阶段，这个阶段和情绪记忆的存储有关。这种疗法不仅能改变我们对事情的看法，还能改变我们的情绪和身体的感受。

处理这些记忆，通常需要专门针对创伤经历的疗法。一般性的心理治疗在很多方面可能有帮助，但我们需要具体解决那些导致问题的情况。没有外部帮助的话，我们很难自己做到这一点，这就像是想自己给自己做手术一样困难。在某种意义上，处理一个创伤性记忆就像是清理一个已经感染很久的伤口。当我们能够这么做的时候，会感到巨大的缓解，因为伤口终于可以愈合，不再疼痛，也不再耗费我们的精力。

但这个过程可能会很复杂，有时会很痛苦，也很难，通常需要一个有经验的专业人士的帮助。就像之前说的，承担起恢复的责任很重要，同样重要的是，在别人的帮助能让事情变得更容易时，要学会接受帮助。

在依靠他人、建立信任和人际关系方面，可能会遇到的难题，在与治疗师的互动中同样可能出现。不同的地方在于，治疗师受过专业训练，能够理解这些难题，并协助我们克服它们。朋友或亲近之人的支持与专业人士的帮助虽然各有不同，但都是相辅相成的。在这两种情况下，我们都能体验到一种可能在自己生命中最艰难时刻未曾有过的感觉：有一个理解我、与我产生共鸣的人。

在这样的情境下，我们通常不会像以前那样停滞不前，而是能更好地吸收和适应。人际接触仿佛能够抵消经历的负面影响。尽管我们当时可能没有这样的体验，但现在分享它可能会成为一次情感上的释放，深刻地改变自己的记忆。因此，努力克服我们的恐惧和犹豫是值得的。当我们所面对的问题非常复杂时，尤其重要的是不要试图独自承担所有这些工作。

同时，帮助自己做好准备工作也非常重要。仅仅因为曾经对心理治疗持怀疑态度，就轻易放弃寻求专业帮助是不明智的，这种怀疑往往只是因为我们没有真正体验过治疗，或者仅凭与治疗师的几次短暂接触就下了判断。寻求治疗师的帮助时，期望他们“消除”自己的不适也同样是不现实的。治疗师没有魔法，如果我们在改变的过程中不采取积极的态度，他们也不能根除我们的问题。如果明白面对过去的经历至关重要，并且自己正处于合适的时机，我们就可以开始尝试一些方法。

与过往和解，拥抱现在的自己

一个看似显而易见但实际上并非如此的事情是，在与自己的记忆建立联系时，我们必须意识到这些都是过去的记忆。也就是说，当感受到所有仍然引起自己不适的事物时，我们的大脑不要混淆，不要误以为那些事情正在重新发生。有些记忆非常生动，或者被封闭和隔离了很长时间，当它们重新浮现时，可能会让自己感觉（真的是感觉）就像又回到了那个情境中。我们必须不断提醒自己，这只是一段记忆，无论它多么不愉快，它并没有再次发生，自从那件事发生以来已经过去了很久。

我们还必须意识到那一刻和这一刻之间的差异，要深知一切都已经过去了，不会再以相同的方式重演。例如，我们小时候发生的事情，在我们成年后就不可能再发生了，这并不是因为这种情况不可能再次发生，而是因为我们已经不再处于那个阶段。

童年时期的无助感，已被我们远远抛在身后。当然，为了能够做到这一点，我们必须学会处理那种仍然时不时袭来的无助感，学会照顾它，尝试新的自我保护方式，修正自己的内在结构。这样，当对自己说“这是一段记忆，现在的情况已经不同了，我现在是成年人，我正在学习如何保护自己”，我们就会真正相信这一点。

当回忆来袭时，要记得别把这些念头当真。有时大脑会冒出“不想活了”的想法，这并不是说你现在真的这么想，而是那个时候你的确有过这样的感受。可能会觉得受不了了，因为那时候你就是这么想的。大脑把这种感觉存档了，这就是为什么要学会选择遗忘。

我们可能会觉得自己陷入了危险，尽管明明知道眼前并没有危险，只是我们的大脑把恐惧感误当成了危险的信号。这些回忆带出的念头和感受可能会非常强烈，但它们只是当时的感受，只是被记忆保存了下来。重要的是要认识到这一点，别把这些念头当成板上钉钉的事实。

如果能够一边感受着当时的感受、情绪和想法，一边提醒自己我们已经走到了人生的另一阶段，我们已经成长了，情况和我们本身都已不同，那么过去的记忆就能和现在的经历相互沟通，相互融合，相互支持。作为成年人的我们，将能重新连接那个曾经的自己，正在努力恢复的自己将能够照顾那个停滞不前的自己。我们可以从当下的视角去理解过去。

我们面对回忆，不是为了自我审判，而是为了用一种更成熟的视角去看待自己。我们要去拯救那个被困在过往的自己，将它带回到这个充满新可能的现在。

要让过去不再影响现在，方法可能和我们想象的不一样。不是把它们远远抛在脑后，也不是把它们深埋心底。真正的办法是接受现在的自己，和过去的自己和解，理解我们曾经所做的选择，以及我们无力去做的事情。这样做了之后，痛苦就会开始慢慢消散，它们会被我们其他的生活经历所稀释，不再是孤立的存在，而是能和我们现在的生活对话。

我们最糟糕的回忆可以变得不再那么痛，它们可以变成单纯的记忆，不再牵动我们的情绪。我们可以不用刻意去忘记，不用费力去压抑，就能做到这一点。我们可以毫无负担地向前走。

有些人可能对深入处理他们的痛苦经历感到迟疑，他们不相信那些痛苦可以被抹去。他们可能太害怕了，或者觉得自己已经被永久地伤害了，痛苦永远不会消失。但请相信，这不是真的。有很多方法可以帮助我们改变那些深刻影响自己的情感经历。

对于人生中的那些艰难时刻，如果我们没有去处理它们，那么这些时刻就不仅会继续影响我们的生活和未来，而且在某种程度上，我们就像是让那个时刻的自己（那个还是孩子或正经历困难的自己）一直困在那个时候的感觉里。我们就像是遗弃了自己的一部分，让它独自面对那些经历。为了成全现在的自己，摆脱那份痛苦，我们的一些思绪和感受被留在了过去。但如果我们不去正视它，不去接纳它，那么我们就是任由它自生自灭，或者因为那些过去的事情而责怪它，这往往是在重复过去别人对我们的态度。我们在内心深处重复了自己所经历的。

此外，如果我们不去找回那部分自我，就永远不会感到完整，即使我们感觉好了，这种好转也可能不是稳固的。我们就像是在花园里留下了一个未拆除的地雷。

当然，我们需要找到合适的时机去处理这些。有时候，在努力改变和提升之后，如果开始感觉好转，我们可能会对深入挖掘那些艰难的往事感到犹豫。这是可以理解的，我们需要感到足够强大和稳定才能去面对它们。能够有一段时间的平静来巩固我们的改变是很好的。

最重要的是，我们需要掌握好节奏，理解每个过程都有其阶段。处理那些最痛苦的回忆应该在一个安全的基础上进行，并且有一个良好的情感支持。就像要进行外科手术，之前必须处理好感染，并且患者需要营养良好、强壮和稳定。

想要过快地前进和仅仅被恐惧引导都是不利的。决定何时是处理创伤的好时机并不容易，最好的方法是逐步进行和分散处理。先处理一些阶段，留出时间让它们沉淀，继续在日常生活中进行改变，并逐渐接近更复杂或更困难的点，这通常让我们不会感到那么困难。此外，这样做也是在尊重自己的极限和能力，同时也考虑到了自己的情感需求。这种做法既没有放弃面对问题，也没有忽视自己当前的心理状态和所面临的挑战。

慢慢地处理过去的回忆，往往能帮自己更好地做出改变。比如，我们发现自己很难控制怒气，但如果能够深入理解那些曾经经历过的暴力事件，改变回忆这些事情时的情绪和视角，我们对愤怒的控制可能会自然而然地变好，而不需要强迫自己去做什么练习。

如果只是改善了日常生活，却没有触及那些深藏的记忆——那些形成了自己行为模式的记忆，那么我们可能很难真正摆脱旧习惯，改变的过程也会更加艰难和漫长。

遗憾的是，我们在清理旧习惯、继承的信念和那些停留在旧经历中的感觉时，不应该只是随便做做，而是应该彻底清空内心，摆脱所有不属于我们的东西。重要的是，要找回那些被我们遗忘、隐藏、否定或拒绝的自我部分，同时也要放弃那些我们不再认同的旧模式、家庭规则和习惯，以及那些我们未曾选择却仍在影响我们的往事。

一段记忆，如果它仍然能够激起情感、感受和信念，即使我们没有经常主动想起它，它也在消耗我们的能量。一旦我们解锁并将其归档，就像是把一张旧照片放入相册中一样。完成这个相册将使我们能够完整地书写自己的生活故事，包括所有的章节。同时，它也使我们能够从更广阔的视角去看待它，全局性地理解自己的生活。

这种关于自己生活的新叙事将揭示许多我们之前只是部分理解的方面，就像是我们之前分析了拼图的各个部分，拼凑了一些，也猜测了它们构成的图像。现在，当我们再次审视它们时，那些图像将逐渐清晰地呈现在我们面前。以这种方式看待记忆，它们就不会吞噬或困住我们，而是成为我们的经历，它们带我们走到了现在，塑造了我们的身份。用这种视角看问题，我们便可自由发展。

然而，即使已经做了彻底的梳理，有些回忆仍然可能会突然浮现在我们的大脑中，这可能是因为有些区域我们还没有检查，或者因为某些情况触发了我们之前未曾意识到的事情。无论如何，我们总来得及继续清理。从长期和困难的经历中恢复过来，不应该像服用一盒抗生素那样，药吃完了病就好了。

这是一个伴随一生的持续过程，因为我们在不断成长，情况也在不断变化。

第 20 章

升级内心世界

一个有趣的悖论：只有当我接受了自己，

我才能发生改变。

——卡尔·罗杰斯（Carl Rogers），

美国心理学家

随着对自身的理解加深，重新学会感受情感，更加细心地照顾自己，并开始主导自己的生活，我们的内在感受也会随之转变和成熟。构成人格的不同方面开始更加和谐地融合在一起，我们也会越来越多地认同自己的真实身份。人格中的各个部分正在充分发挥它们的潜力，揭示出我们之前未曾意识到的内在资源。即使这些变化还没有发生，想象一下这个变化的过程也是非常有帮助的，它可以让我们看到每个部分如何更新和升级。

本章会描绘一些可能性，供大家参考。每个人都需要具体地找出构成自己的不同方面，它们是如何发展的，以及它们为什么存在，还有它们内在所携带的潜力。这个过程总是相同的：理解它们的起源，打破它们形成时的框架，与其他部分建立沟通，结合过去的视角和现在的情况，让它们获得新的形式，与其他部分以及当前时刻相协调。

发现内在的“浩克”

在导演李安重塑的经典超级英雄故事《绿巨人》（又名《无敌浩克》）里，我们看到了一个绿色怪物的诞生。他是由内心的创伤孕育而生的，这个怪物最终化身为一个英雄，能够将愤怒转化为实现重要目标的力量。

主角小时候目睹了自己的父亲在争吵中杀害了母亲，而他的父亲曾经把他当作实验对象。这段记忆深埋在他的脑海，连同那个无法表达愤怒的孩子，所有的情绪都被封锁起来。成年后，他在镜子中看到了自己内心深处的绿色倒影，那是他白天刻意忽视的一部分。到了夜晚，那些重复的噩梦不断侵扰他，虽然看起来毫无意义。

主角因为压抑愤怒，无法与人建立情感上的联系，甚至与他所爱的人也是如此。他不为自己辩护，生活得过且过。然而，有一天，某件事触动了他的内心，唤醒了那个隐藏的自我，它突然失控地爆发出来。幸运的是，有人能够看穿这一切，找到了那个隐藏在绿色怪物背后的受伤的孩子，并感受到了他内心深处的痛苦。于是，所有的愤怒得到了释放，他开始信任他人，允许自己在别人怀里崩溃。从那一刻起，浩克不再是一个失控和难以理解的存在，而是成为主角人格的一部分，他可以选择是否让浩克出现。

我们内心的怪物，往往就像是受伤的孩子，充满了愤怒，像叛逆的青少年一样反抗着世界。它们是纯粹的痛苦，是无尽的愤怒。如果能够透过他们的行为、破坏的事物、对我们说的粗暴话语看到背后的原因，我们就会明白这些部分真正需要什么。当有人意识到他们的感受，了解生活给他们带来的伤害，知道他们已经到达了极限，那么即使悲伤和痛苦没有完全消失，即使愤怒仍然存在，这部分的自我也可以开始成为我们的盟友。

当我们开始经历变化，或许会在与那些经常左右我们的人对峙时，发现自己的声音变得更加坚定，甚至展现出一种前所未有的自信。我们可能会变得更加易怒，对那些以前不以为意的小事也开始感到不满。虽然周围的人可能并不觉得这些变化完全是好事，但我们自己知道，相比之前的冷漠，能够感受到之前被忽视的情感无疑是一种进步。与自己内心更深层次的部分建立联系，会让我们感到更加强大，有时候甚至会让我们感到能量充沛，不再轻易崩溃。

随着我们开始与自己的内心和解，那些负面的自我感觉会逐渐减少。我们不再因为自己的软弱、屈服或不顺而自责。当我们失败时，内心不再充满责骂，取而代之的是鼓励的声音："加油，站起来，出去呼吸一下新鲜空气。"

我们也会发现自己在面对不同情况时，能够更加细致地考虑问题。我们能够权衡各种利弊，从多个角度来看待问题，这样我们的视野就会变得更加开阔，决策也会更加明智。

我们不再把内心的这些变化看作是陌生和不愉快的东西，而是开始认为这是自己真实的感受，虽然这些感受还没有完全融入自己的生活，但它们已经开始在关键时刻出现，指引我们走向新的方向，开始勇敢地表达自己。

安息内心的"幽灵"

我们的内心有时会被生活中某些重要人物的影子所笼罩。它们就像是那些曾经对我们有着极大影响力、权力或控制的人的行为再现。仿佛这些人的影响力还在继续，即使他们已不再是我们生活的一部分或者接触不再密切，他们仍旧在我们的内心世界里，似乎在提醒着“他们还有未说完的话”。

父母、伴侣、老师、同学……他们可能曾经对我们施加过极端不健康的行为，彻底改变了我们的行事方式。他们的影响是如此之深，以至于他们仿佛住进了我们的脑海，很长时间以后，这种影响仍旧回响在我们的记忆里。重新审视和解决与他们之间的过往，对于让这些幽灵不再干扰我们现在的生活至关重要。

为此，我们需要直面他们，正视他们。就像小时候看到吓人的阴影，开灯后许多阴影就会消失，我们要看到它们真正代表的东西。一个用暴力解决问题的酗酒父亲，其实是一个无法掌控自己生活的病人，他的看法在我们所知之中可能是最不权威的。我们脑海中那个侮辱我们的声音，重复着一个因酒精而判断力受损的病人的话语，他连自己都照顾不好，也不会真正爱护自己的孩子。

这种由酒精和虐待构成的故事往往可以追溯到几代人之前。如果是这样，我们是否愿意继续背负这种传承？我们的大脑可以学习更好的模式，它之所以重复旧的模式，是因为听得太多。每当听到脑海中那个父亲的声音，我们可以停下来记住这个真正的人是谁，并告诉自己我们可以学习用另一种方式和自己说话。

我们可以通过一个练习来提高这种意识。想象或画出我们内心那个部分的样子，那个部分说出了父亲对我们说的话，有着他那样的冲动，似乎在复制他的行为。我们肯定不想成为那样的人，看到这个形象会唤起我们对那个血肉之躯的同样的恐惧和排斥，我们从他那里模仿了这些反应。

现在，拿出一张那个人的真实照片，如果没有，就想象一张。我会以前面例子中的酗酒父亲为例。请不再称他为“父亲”，而是用他的名字来称呼他。一个孩子成长过程中的重要时刻是，当他不再把父母看作象征性的人物，看作自己小世界中的神，而是开始把他们看作真实的人。因此，试着像看待一个与自己无关的人那样看那张照片，此时会对这样的人有什么看法呢？

此时你很可能会看到一个在生活中非常迷失的人，一个精神失衡的人。一个自我毁灭并伤害周围人的人，即便他知道自己的行为有多糟糕，他还是继续酗酒。一个从未为自己的行为承担责任的人，即便有时候他的内心会浮现罪恶感，也没有试图纠正它们。

接着，告诉那张照片中的人，他大错特错，他做得很糟糕，他失去了他的家庭，他不知道如何看到你或理解你是怎样的人。实际上，他什么都不懂，甚至不了解自己。你审视他向你传达的关于世界、关于他和关于你的观点，并告诉他那是他的看法，你拒绝接受。毕竟，他所秉持的只不过是一个普通人的看法，而且还不是一个健康的人的看法。

这个人除了强加给你的信念和规则之外，他的模式也在很大程度上塑造了你感受和调节自己情绪的方式。当你不开心时，会看到他的轻蔑表情；当你在自己的房间里害怕时，会听见他在咆哮。

你对此种情境的愤怒转化成了面对一个比自己更大的愤怒角

色时的无力感。你对自己成长过程中有这样的人感到非常厌恶和羞愧。要告诉照片中的人，你的情绪是合理的，你感受到它们是合乎逻辑的。现在，作为成年人，你可以从截然不同的角度来看待这一切。

然后，开始面对内心深处受到这个人影响的那部分自我。要意识到，尽管这部分自我可能模仿了那个人的行为，但它实际上属于你自己。通过重新审视这部分自我，你可能会发现它与父亲有相似之处，但并不是父亲本人。这种认识可以帮助你从新的角度去看待它。

为了促进这部分自我的积极变化，可以借助自己所认识的那些健康、积极的榜样。这些人可能是珍视你的人，或者是那些知道如何在保持尊重的同时坚定表达愤怒的人。将这些积极的形象引入到自己的思考中，以此来帮助自己改变和进步。

当不再将这部分自我与原来的人物混淆，不再感到羞耻或厌恶，而是开始接受和认可它，你就会开始发生变化。父亲那些负面的行为和特征将逐渐从你身上消失，你的性格和行为模式将被重新塑造，变得更加符合自己的期望和价值观，最终，你将成为更接近理想中的自己。这个过程需要时间和耐心，因为它涉及克服自我恐惧和排斥，但只要持续努力，终可达到目标。

这部分自我需要逐渐学会控制和调整情绪，而不是被情绪所左右。它最初可能只是简单地模仿一个混乱的人的行为，但现在它需要学会在我们面对情绪波动时，告诉我们一些积极的东西，帮助我们冷静下来，减轻我们的情绪负担。

我们可以寻找和学习那些更健康的情绪管理方式，这并不难，因为身边一定有处理情绪更成熟的人。这个过程可能需要一些时间，因为我们得克服内心的恐惧和自我怀疑。所以，我们需要对自己有足够的耐心，就像学习一门新语言一样，我们知道这不是一夜之间就能掌握的，而是一个逐步提高的过程。

善意的批评使人成长

在动画片《海蒂》（*Heidi*）中，罗滕迈尔（Rottenmeier）小姐是克拉拉（Clara）的家庭教师，她严格而心中充满苦涩。海蒂去克拉拉家生活了一段时间。罗滕迈尔小姐受到自己冷漠的母亲和权威且不通情达理的父亲的影响，教育孩子的方式也是一板一眼的。在她的教育世界里，游戏、快乐和自由发挥是不存在的，因为她成长的家庭从未鼓励或允许这些。

海蒂虽然历经坎坷，但她有幸得到了情感上健康的照顾，她和慈爱的祖父生活了许多年。而克拉拉就没那么幸运了，她失去了母亲，父亲也经常不在她身边，她的整个童年几乎都是在这位情感有缺陷的家庭教师陪伴下度过的。这种环境塑造了她的性格，使她变得情感压抑，甚至身体上也出现了问题，严重到无法行走。然而，海蒂的到来改变了这一切，她带来了自由、欢笑和游戏，逐渐让克拉拉的父亲更多地参与到家庭中来，也让罗滕迈尔小姐的性格有所软化。

假设罗滕迈尔小姐有机会接受心理治疗，开始理解自己之所以会模仿父母的教育方式，是因为她没有其他的参考。她意识到自己从未真正经历过一个快乐的童年，并开始尝试改变自己的观点。她认识到自己在教育孩子方面缺乏正确的指导，于是开始学习现代教育学。她发现，自己之前的教育方法（无论是体罚还是言语上的惩罚）都是错误的。这些惩罚可能短期内有效，但长期来看，只会让人越来越封闭，自尊心受损，感到无能为力。如果面对这种封闭状态，只是简单地增加惩罚，那么情况只会更糟。

罗滕迈尔小姐随后发现了积极强化的重要性。给予奖励，尤其是情感上的奖励而非物质上的，比如一句积极的评论，当人们做得好时给予关注，指出他们做得对的地方，即使出错了也要表扬他们的尝试，而不是只关注结果，这样可以帮助人们做得更多，也做得更好。即使有错误，但专注于错误并不断重复，只会使问题更加严重。因此，她开始在女孩们身上实践这个新的教育系统，她发现这不仅改善了她们的行为，也让孩子们的情绪状态得到了显著提升。

我们内心深处那个爱批评自己的声音，其由来可能和故事里那个家庭教师有相似之处，但幸运的是，它是可以通过学习来改变的。每个人都需要一点自我批评来认识到自己的错误，并激励自己去改进。如果没有这种自我批评，我们可能会一遍又一遍地犯同样的错误，而且对此毫无意识。我们会停滞不前，无法进步，对自己的认识也会脱离现实。这个批评的声音在每个人心里都很重要，但如果它是按照严格、死板、惩罚的方式来教我们的，那我们就要明白为什么会这样，并尝试去学习一些更有效的方法。

我们开始意识到，用“哎呀，这次没做好！我得再试一次，下次应该能做得更好……是的，现在这样好多了！……我正在学习，这是正常的，我需要在这个问题上多下点功夫”这样的话语来激励自己，比用“我真笨，什么都做不好，我一无是处”这样的想法来打击自己要有效得多。这样，我们内心的批评方式就会逐渐转变，变得更加积极和高效。这将有助于我们逐步打破自我设限，更好地吸收和理解生活中发生的事情，无论是过去的经历还是现在的生活。

当开始对自己的错误或不足用不同的方式进行评论时，我们就会看到内心批评的声音正在向更积极、更有建设性的方向发展。

迷失孩子的归来与成长

在彼得·潘（Peter Pan）的故事里，梦幻岛上住着许多孩子，这里的时间是静止的，孩子们一直保持着他们刚来时的模样。在这个时间仿佛暂停的地方，一切都不会改变，也不会向前发展。孩子们逃离了复杂的家庭和艰难的往事，在这个与世隔绝的地方找到了庇护。但随着岁月的流逝，梦幻岛逐渐变成了他们的囚笼。彼得·潘本意是想救他们，却不知如何将他们带回现实。而且，虽然导致孩子们来到梦幻岛的情况已经改变，但对孩子们来说，时间似乎从未流逝。

在我们的生活中，某些经历或阶段也可能停滞不前，让内心的某个部分停留在原地，不再随着我们的其他部分一起成长。如果我们在学校遭受过欺凌，那个感到害怕和羞辱的自己可能一直留在内心深处，而我们却试图忘记那段日子。那个敏感而无人理解的自己，在我们努力变得坚强，不愿让人看到我们的脆弱时，悄悄地躲进了我们的内心。那个因为缺乏关注而变得任性的自己，虽然在多次碰壁后被压制了，但他内心未满足的需求仍然存在，就像我们六岁那年一样。那个感到自己不属于任何团体，也不被家庭接纳的自己，在我们学会取悦他人以获得安全感的过程中，逐渐隐藏起来，但那种感受从未真正离开过。

这些脆弱、受伤、愤怒的孩子们，似乎从未真正成长，他们就像是被困在了记忆的牢笼里，无法接触到我们生活中的新体验、良好的关系、成功和资源。

要让这些孩子们走出困境，关键在于我们作为成年人，现在能否用新的眼光去看待他们。站在今天的立场上，我们得用心去理解小时候的自己，体会那些往事带给我们的感受，还有我们当时应有的反应。如果我们能够直视他们的眼睛，理解他们是谁，接受他们的一切，理解他们内心仍然有哪些未满足的需求，并在现在寻找满足这些需求的方式，那么过去的记忆和现在的经历将开始连接和融合。

这样，这些孩子们就能开始成长，发挥他们所有的潜力。那个曾经被羞辱的孩子将抬起头，意识到那些给他带来伤害的日子已经过去，他现在是一个能够自我保护的成年人。那个敏感的孩子将发现他的情感是宝贵的，有很多人会欣赏他的真实感受。那个任性的孩子将逐渐成长为一个为自己想要的东西而努力的成年人，他会用更实际、更有效的方式去争取，明白成功需要时间和努力。那个感到自己无依无靠的青少年将认识到他内心的美好，学会以更真诚的方式与他人建立联系，明白归属感的重要性。

如果发现自己很难完全接受这些内心的小孩，不妨先问问自己：我们是真的在用自己的眼光看待他们，还是仍旧透过那些养育我们的人的视角看待他们？如果答案是后者，那么可以回想一下，我们是否真的喜欢别人看待我们的方式？很可能我们并不喜欢。那么，我们可以尝试换个角度，想象那些真正看到过我们真实一面的人会怎么看——哪怕只是一点点，比如某个学科的老师、一个朋友或一个远亲。

或者，我们可以设身处地地想一想，如果我们看到其他任何一个孩子也在经历同样的事情，感到同样的情绪，我们会如何对待他们？当这样想时，再去关注我们内心的小孩。这种视角的转变可能需要时间，因为我们的看待方式往往受到早期经历的影响，需要经过一个转变的过程。但重要的是，我们要不断进行这样的练习，因为我们需要找回那些迷失的自我。没有这些自我，我们的生活就不完整，我们无法完全与自己的生活相连接，也无法充分体验和享受生活中的一切。

我们不能留下任何遗憾。找回这些自我，并不是说那些旧日的情感会一直伴随着我们，相反，“放下”它们，正是让这些情感一直留在我们内心的原因。当我们拥抱这些内心的小孩时，痛苦就会减轻，经历就会得到整合和解决。那些困扰我们的感觉会在拥抱中消散，它们会在我们的记忆中逐渐淡化，直到最终消失。这样，我们才能真正地翻开生活的新篇章，全心投入到当前的现实中。

第 21 章

接受过去与现在，才能追求美好未来

回顾过去，我们才能理解生活；
但向前看，我们才能活得精彩。

——索伦·基尔克果（Søren Kierkegaard），
丹麦哲学家、诗人

深入审视个人的过往，是接受和释然的开始。当我们能够平心静气地回顾历史，它便不再成为束缚我们的枷锁，不再影响我们的现在和未来。我们会从过去的经历中吸取教训，但不会再被它们束缚，也不会试图完全逆转过去。我们会活在当下，不再受过去的思绪和感受的干扰。这样，我们对未来的看法就会是开放的，我们会感到自由，能够在未来的旅途上自由地探索。我们将重拾自己的直觉和创造力。

许多心理治疗方法都强调了接受现实对于情感健康的重要性。正如前面提到的，如果我们不承认问题的存在，就不可能去解决它。接受现实并不意味着放弃努力，不再尝试改变。恰恰相反，如果拒绝接受生活中发生的事情，我们改变环境的能力就会受到限制。我们会陷入停滞，无法采取积极的步骤来促成变化。

接受过去，珍惜当下，拥抱未来，这三者之间的平衡至关重要。本书提倡通过回顾过去来理解我们的来时路，但这并不意味着要陷入无休止的自我怀疑，反复琢磨为何那些事情会发生在自己身上。分析我们所经历的，也不是要沉溺于自怜，不断告诉自己运气有多差，或是不断问自己“为什么是我”。改变的关键在于明白我们是如何走到今天的，现在的情况如何，以及我们能做些什么来改变现状。

一旦弄清楚了这些，就需要开始采取行动。为了做到这一点，我们需要理解问题是如何产生的，认清现实情况，找到可行的解决方案，并全然接受现实。事情已经发生，这就是现状，重要的是看看能利用现有的资源做些什么。

在处理创伤的心理治疗中，也强调了整合个人过往经历和性格的各个方面的重要性，这样我们的未来就不会被过去的创伤所左右。当能够整合这些时，我们就能坦诚地说："这是我的过去，我无法改变，但我勇敢面对了它，并且已经消化吸收了它。现在我活在当下，感到完整，我理解并接受自己所有的方面。从这里出发，我将能够继续成长，并在未来发挥作用，而不会被我的过去所限制。"

让我们来探讨一下这些领域——过去、现在和未来，以及如何学会从新的视角来看待它们。

事情就是这样

不论是刻意回避过去，将其抛诸脑后，还是被回忆所困扰，不断自问"为什么偏偏是我"，或是对世界不公耿耿于怀，那些往事始终在潜移默化中左右着我们的决策和人际互动。如果我们已经开始意识到这一点，并着手改变自我照顾、情绪调整和人际交往的方式，那么现在就是我们重写自己故事的时机。我们无法改写历史，但可以改变对历史的看法。

这个故事里没有指责、痛苦、羞耻和怨恨。这并不是说别人伤害了我们，我们就要去原谅，而是我们不再感到无助，不再纠结于过去本可以做得不同，不再被复仇的念头所束缚。我们已经能够在情感上保持距离，达到一种冷静，这并不妨碍我们明辨是非，对那些应当受到批评的事情做出判断。到了这一步，我们的伤口已然愈合，悲伤已经散去，我们已经能够勇敢地面对羞耻。此时，羞耻感和厌恶感已从我们体内消失，内心的障碍也在逐渐消除。我们回望自己的历史，就像观看一张泛黄的旧照片，色彩褪去，影像模糊。我们记得发生了什么，但那些情感已不再涌现，不是因为我们变得冷漠，而是因为那些事情真的已经成为过去。当我们能够这样看待过去时，它就只是一个回忆，它确实已经成为过去。

为了实现这一点，我们将逐一回顾，整理整个相册，按顺序排列事件。这样我们就构建了关于生活的新叙事，仿佛我们在拍摄一部纪录片，重新讲述我们是如何一步步走到今天的。我们从一定的情感距离来观察这个故事，虽然它无疑会触动我们的情感，甚至有时会深深打动我们。它不会让我们无动于衷，但也不会让我们感到不知所措或陷入其中。

也许我们以前也曾回顾过那些时刻，但如果我们出于绝望去回顾，或是问自己“我怎么会什么都没做？”“人们怎么会做出这样的事情？”“我怎么这么倒霉？”这些问题，那么这种回顾是没有意义的。这些问题并非真正的问题，而是思维的陷阱。它们并不会让我们接受过去已经发生且无法改变的事实。

不知何故，尽管我们没有明说，我们却像是想要找到时光机，回到过去。但时光机并不存在，过去是无法改变的。每当我们说“如果我当时这么做了……如果我没那么做……”，我们就像是还在考虑是否还有机会改变过去，而这是不可能的。因此，这么想的唯一可能的结果就是感到挫败和绝望。只有真正接受了过去，我们才能彻底地超越它。

接受过去意味着放下疑虑。有时候我们的记忆不是很清晰，或者心里会冒出这样的想法：“我是不是在胡思乱想？”“我是不是把事情想得太严重了，其实没那么糟糕？”这些疑惑会让我们分心，让我们无法专注于真正重要的事情。记忆就是这样，有时候细节可能并不完全准确，因为大脑可能会根据其他事情，或者是周围人的行为和言语，来调整回忆。但我们不是在进行刑事侦查，我们只是在尝试更好地了解自己。

所以，重要的是我们如何看待自己脑海中的记忆，因为正是这些记忆在影响着我们现在的生活。我们不应该再纠结于这些记忆的细节，因为它们就是我们记忆中的样子，我们就应该这样去看待它们。对我们来说，更重要的是个人的主观感受，而不是客观的事实，是我们的亲身体验，而不是冰冷的数据。我们谈论的是充满情感的故事，有些记忆里包含的象征意义和具体细节同等重要。通常，当我们这样去回顾记忆时，事情的轮廓会变得更加清晰，迷雾会慢慢散去，我们会更有意识地认识到事情的真实经过。

一旦我们能够坦诚地回顾过去，告诉自己“事情就是这样，我记得是这样，我尽我所能地处理了那些事情”，我们就能准备好活在当下，不再被过去所束缚。我们就会从过去中学到东西，然后继续前行。

接受现实

随着逐渐克服自己的过往，我们会开始更加专注于眼前的时刻。我们将能够接受事物的现状，不再去幻想如果过去不同，现在会是怎样。我们将不再沉浸在自己构建的幻想世界中，那里有我们理想化的重要人物，以及我们梦寐以求的一切。我们将脚踏实地，在这个现实世界中寻找自己所渴望的东西。我们会明白，这些东西就散布在周围的环境中，它们可能没有我们幻想中那么耀眼完美，可能更加朴素，甚至微小，但它们是真实存在的。当我们与自己的过去达成和解，我们也就能与现实生活达成和解。

现实中的现在，是唯一真实存在的世界。我们需要学会在这个世界中生活，哪怕这个世界刚刚经历了一场风暴的洗礼，我们也能重建家园，重新播种，或者搬到一个新的地方，结识新的朋友。我们将重拾探索的能力，对知识的渴望，对生活的好奇心。我们不会重复过去的老路，即使面对重复的情况，我们也会以一种自发和创造性的方式来应对。我们将持续地重塑自己。这一切都将基于我们对现实的清晰认识，这将是我们新的起点。

说“这就是现实”，并不是说要我们放弃追求、安于现状，而是要我们学会接受。只有接受了现实，我们才能有所改变。我们要努力去改变那些可以改变的事物，而不是浪费精力去试图改变那些无法改变的事物。我们不会去做那些无谓的挣扎，比如试图移动一座挡住阳光的大山，而是学会如何去攀登它，或者绕过它，甚至用它作为我们创作的灵感。如果这座山真的给我们带来了不便，我们可以选择搬家，去一个更加宜人的地方。无论我们选择何种方式，我们都不会在怨恨和遗憾中度过余生。我们将基于现实做出明智的决定，并采取行动去追求真正需要的东西。

展望未来

面对未来的态度转变是关键的一步。如果过去的艰难岁月没有得到妥善处理，往往会以多种方式影响我们的未来生活。过去形成的信念可能仍然根深蒂固，让我们感觉无法掌控自己的生活，似乎没有选择，觉得会被人背叛，感到无能为力，但当我们重新编织自己的故事时，我们也将重拾自己的潜力。内心的斗争将不复存在，内心的力量将汇聚成一股团队精神。我们已经学会了如何保护自己和照顾自己，并将继续学习。我们将向他人敞开心扉，选择那些能够相互支持的积极关系。有了这些资源，我们将更有信心去探索周围的世界，勇敢面对未来的挑战。

我们还将学会享受生活的不确定性。因此，“未来将至”这句话不会让我们感到害怕，反而会激发我们的斗志。未知的新事物即将到来，这是好事，因为我们知道熟悉的坏事并不值得我们留恋。虽然面对未知我们可能仍会感到一丝不安，但我们知道这是正常的反应，我们不会因此退缩。我们将勇敢地走出去，迎接挑战。我们知道，即使在挑战中受伤，伤口也会愈合，我们将变得更加强大。我们将明白，生活是值得的，尽管它充满了起伏。

未来不是老生常谈的陈词滥调，而是一个不断展开和变化的真实画卷。我们不会幻想一个充满绝望的未来，一个“更多相同”的未来，一个看到自己被迫放弃所有所珍视的东西且没有希望的未来。我们也不会幻想一个充满魔法和不可能实现的梦想的幼稚画面。我们应该从一个切实可行的角度来规划未来，就像用我们手中的牌来打出一手好牌。我们将设定目标，但不会以一种强迫性的方式去追求它们，必要时我们可以灵活调整目标，以适应不断变化的情况。我们将为自己的生活设定方向，并根据遇到的新情况做出决策。

为了以这种方式规划未来，我们必须解决过去的遗留问题，卸下沉重的负担，只保留那些有益的教训。我们需要脚踏实地，与我们所有的资源保持联系。将过去和现在整合起来，接受我们内在的各个方面，我们的未来就有无数种可能性。

第 22 章

在自我认同中与他人共同成长

人类往往对自己自然而然的冲动感到畏惧。
就像我们的远古祖先曾对火感到恐惧，
直到他们学会了如何生火一样，
人们也会对依靠自己的直觉生活感到害怕，
直到他们学会了如何引导和培养这种直觉。

—— 雅各布·莱维·莫雷诺（Jacob Levy Moreno），
美国心理学家

我们每个人的身份，以及我们看待他人和建立关系的方式，都会随着时间的推移而发生变化。我们对自我和世界的认识永远不会停留在原地，而是随着经历的增加而不断演变。从婴儿到青少年，再到成年的各个阶段，我们在不断地成长和变化。我们对周围世界的看法也随之改变。

重要的是，我们不应该死守过去的观念，而应该让自己的想法保持开放,从生活的新变化中学习。一旦放下了旧的思维模式，新的理解就会自然而然地形成。慢慢地，我们会对自己和他人有更清晰的认识。我们的认知不会消失,而是变得更加深刻和灵活。最终，我们会找回那种与生俱来的直觉和创造力。

认同自我

了解自己的过去可以帮助我们更深刻地认识自己。在接受了各种信息后，那些曾经令人费解的人格特点变得更为合情合理。我们找到了构成自我的每个部分的核心，而这些部分也正在向新的状态转变。内心的斗争已经结束，我们已经与自己和解。

这个过程可能永远无法达到百分之百完美，但至少那些阻挡我们的障碍已经开始消散，一切开始变得更加顺畅，我们正朝着解决问题的方向努力。就像骑自行车，即使我们骑得很熟练，也可能因为路上的一块石头而摔倒，但我们总会重新站起来，检查自己是否受伤，处理好伤口，然后再次出发。照顾好自己和接受自己，并不意味着我们必须达到完美、总是快乐，或者对生活中的一切无动于衷。

正如本书所讨论的，我们需要建立一些稳固的过程，以便为我们的个人成长打下坚实的基础。我们需要改善自我照顾的方式，将对我们有益的事情提升到更高的优先级。我们的情绪调节系统应该基于感受情绪和容忍情绪存在，而不是试图逃避或压抑它们，注意情绪对我们的要求，告诉我们如何帮助自己，以及如何引导情绪，同时调整我们对事情的看法，以便我们看到可行的选择。我们不让自己的思维陷入极端的对立中，而是寻找极端之间的平衡和折中的解决方案。

旧的感觉可能会不时地出现，旧的模式有时也可能重新激活。如果我们多年来一直以某种方式运作，这种倾向不会立即消失。但这并不意味着我们没有取得进步，只要能尽快复习所学的事物和资源，我们就能重新回到健康的道路上。我们越是坚持，这种新的模式就越巩固，我们也就越不容易偏离轨道。这是正常发展过程中的一部分。

尽管如此，投入更多的时间来更好地照顾自己和调节情绪，将是一个重大的积极变化，我们需要认识到这一点。在困难时刻，我们可能会完全忘记我们已经做出了改变，已经有过更好的时光。因此，我们需要积极地提醒自己这些进步，以保持我们在改变过程中的动力，就像德斯坦最终能够轻松地骑自行车一样。

重要的是，生活不应该是一场与自我的战斗，也不应该否认自己的过去或人格中的某些部分。我们应该将精力投入到改变中，这种改变不会抹去历史，而是为了确保过去的事情不再发生。内心所有的部分都有可能成为我们前进的动力。如果还没有，我们需要深入探究那些冲动、那些特质、那些自我的部分，理解它们的根源，接纳并拥抱它们。我们内心所有的东西都需要被接受，通过接受，它们就有机会得到转变。

人格的重新整合是一个逐步的过程，它会带给我们全新的体验。我们会感到更加完整，但也可能伴随着一些困惑。以前没有注意到的生活细节，开始与我们的其他经历混合在一起。我们将以更丰富的方式体验情感，就像一幅由多种颜色绘制的画，而不是从一个清晰的情感跳跃到另一个完全对立的清晰的情感。学会感受复杂的情感可能会让我们一开始有些不习惯，但最终这将成为我们感知现实的一种常态，让我们能更真实地看待生活。

有时候，我们可能想要保持人格中的某些方面不变。比如，我们可能担心如果不再总是照顾别人，就不会有人爱我们；或者如果我们不再控制一切，就会陷入混乱。然而，将这些部分整合进来，会使我们以更平衡的方式去照顾他人，并增强自我控制能力。

我们的愤怒与自我融为一体，并不意味着我们会变得更糟；实际上，当能够完全地体验愤怒时，我们会以自己的方式去感受它，并感到更加坚定、安全和强大。

每个部分都会更加显著，并且我们会以一种全新的方式去体验它们。我们将感到自己变得完整，更加了解自己是谁。

重识自我与他人

与自己的经历重新建立联系，和自我和解，也会让我们用新的眼光看待他人。我们看待别人的方式，往往受到他人看待我们的方式的影响。如果过去没有人真正关注过我们，或者我们总是遭到拒绝、敌意或批评，这些经历会影响我们看待自己的方式，也会塑造我们看待周围世界的观点，让我们容易在他人身上看到自己过去在成长环境中所体会过的负面情绪。

我们可能会对被忽视、被拒绝、敌意或批评变得特别敏感。即使这些迹象很微小，我们也能察觉到，而对其他事物的感知却变得不那么敏锐。我们可能会放大他人这些反应的重要性，甚至将一些中立或积极的举止误解为含有负面情绪。

还有一种可能是，我们可能会用别人曾经对待我们的方式去对待他人。我们看别人时并没有真正看清对方的身份，拒绝接受他们的真实自我，表现出攻击性或严厉批评他人。我们可能会意识到自己的行为有点可怕，因为知道这些态度曾经给自己带来多大的伤害。这时，我们会感到“那不是我”，拒绝内心被我们排斥的那部分。

我们越是拒绝那部分，它就越难控制。有时我们甚至没有意识到自己在做什么。因为我们没有学会以接受和理解的态度去审视自己，反思自己的行为，可能只能看到自己行为的最终后果。我们可能没有意识到自己的面部表情、肢体动作或说话的语气。如果我们非常激动，甚至可能记不得自己说了什么。

有时，我们的经历就像被抹去了一部分。我们看到别人对我们的不良反应，却坚信他们这样做是“无缘无故”的，没有分析之前发生了什么，我们自己说了什么，而是简单地认为这是突然发生的事情，因为人就是会做出这样的坏事。然而，如果某人对我们的言行产生不良反应，多少都与我们与他们先前的互动有关，我们如何继续这段互动将极大地影响最终结果。为了做出改变，我们需要提高对自我的意识。他人的反应将为我们提供非常有价值的信息，无论是正面的还是负面的。

我们需要认识到，人们往往基于自己的过去来看待现在的人。比如，和伴侣在一起时，我们可能总希望对方能弥补我们过去的遗憾。我们没有真正看到眼前的这个人，而是把对方想象成理想中的完美伴侣。当现实中的对方和我们的幻想不符时，双方都可能会感到失望。我们的态度不是接纳，而是不自觉地表现出责备，这让对方很难接受或愿意做出改变。

这样的情况也可能出现在其他关系中。我们寻找那些看似完美无缺的人，希望他们永远不让我们失望。我们希望父母能突然改变，不再像以前那样行事。我们没有看到他们真实的样子，也不愿意接受他们的复杂性。这正是我们过去的经历，而我们却不自觉地重复着。

接受一个人，并不意味着要忍受他们带来的伤害。实际上，接受有助于我们保护自己，因为我们不会被自己希望对方是怎样的幻想所迷惑，而是能清楚地看到对方真实的样子。这样，我们就能决定自己在这段关系中投入多少，知道怎样的亲密程度是安全的，以及我们不愿意容忍的行为。

这种因自己的愿望和幻想而扭曲地看待他人的方式，让我们难以与他人建立真正的联系，即使是那些与我们关系密切且积极的人。比如，我们可能会试图给孩子们所有我们小时候缺少的东西，或者试图保护他们免受我们曾经经历过的伤害。但孩子们是独立的个体，他们有他们自己的需求，他们需要的是适合他们的东西，而不是我们认为他们需要的东西。我们不应该用我们的过去来保护他们，而应该帮助他们面对他们所生活的世界。

我们有时也会因为别人的问题而一竿子打翻一船人。比如，如果曾有一个暴力的父亲或丈夫，我们可能会一概而论地认为“不想和男人打交道”，把个别人的行为扩展到所有男性身上；如果我们曾遭遇医疗事故，就可能对所有医生失去信任；如果一个前女友背叛了我们，我们就可能认为所有女性都不可信；如果我们的生活中有特别苛刻的母亲，当别人即使是出于好意指出我们的错误时，我们也可能反应过激；如果丈夫曾经很暴力，孩子偶尔发脾气可能就会勾起我们不愉快的回忆，让我们忽略了孩子本身。

越是抱持这种想法，这些事情就越有可能变成现实。我们会根据过去形成的看法，在现在的生活里寻找那些有害的因素。每一个小细节都会强化我们的成见，让我们坚信“人不可信”或“所有人都一样”。比如，同事给我们脸色看，我们不会去想“他今天怎么了”，而是会立刻怀疑“是不是我哪里做错了”。我们对同事表情的反应，可能也会让他们根据自己过往的经历来解读我们的行为。

我们好像能看透别人的想法和感受，并且通常认为这与我们自己有关。我们对自己的直觉过于自信。虽然如果我们在一个充满威胁的环境中长大，直觉确实能帮我们察觉到别人注意不到的危险，但这也让我们更容易把无害的事物视为威胁。就像士兵胡安，在战争时期这种能力很有用，但在和平时期却可能带来麻烦。同事可能因为自己的私事而心情不好，并不是针对我们。他们也有自己的过去，也有自己的战争。并不是所有事情都与我们有关。

有时，我们可能会把自己不愿意面对的情绪投射到别人身上。比如，我们心底的愤怒可能会让我们误解别人的意图，以为别人也有同样的恶意。如果压抑自己的愤怒，甚至完全没意识到它的存在，我们可能会错误地在别人身上看到愤怒的影子，哪怕那些人并没有表现出愤怒的迹象。

当我们在情绪上与自己或他人脱节时，心底的愤怒可能会悄无声息地影响我们的行为，这种影响是如此微妙，以至于我们自己和别人都难以察觉。别人可能会对我们无意中流露出的愤怒做出负面反应，而这些反应看起来似乎无缘无故，让人难以理解。人们可能因此而不愿意和我们相处，但如果问他们为什么，他们可能也说不清楚具体原因。正如前面所说，情绪上的脱节会让我们付出沉重的代价，它让我们失去了真正理解现实和人际关系复杂性的能力。

我们还可能错误地认为，自己的想法和感受在别人身上也一定有。比如，如果自己心情不好，就可能想当然地认为别人也心情不好。如果我们小时候身边的人总是对我们的情绪反应过度，比如我们只是膝盖擦伤了，他们却表现得比我们还焦虑和害怕，我们可能就会形成一种习惯，认为我们的情绪总能自动影响到别人。但这种情绪传染并不常见，大多数人并不会这样。别人的感受和想法可能和我们完全不同，他们处理事情的方式也可能出乎我们的意料。每个人都是独立的个体，有自己的思考过程，我们不能简单地用自己的生活经验去判断别人。

我们不应该用一种固定的模式去解释所有人的行为。我们的生活经历只是现实的一部分，不能代表所有人。家庭或重要的人际关系中的规则，并不适用于所有人。如果我们总是以相同的方式去理解别人的行为或感受，就需要打破这种思维定式。一个有用的练习是，当别人的行为让我们困惑时，尝试想出五种可能的解释。这样我们就会习惯于认识到,别人的情绪可能与我们无关，也许他们只是遇到了其他的烦恼，比如新鞋子不合脚，或者保险公司拒绝支付汽车修理费。

我们有时会错误地将他人性格中的某些特点联系在一起，这可能会扭曲我们对他们行为的理解。比如，如果一个人的母亲虽然不整洁但性格积极且充满爱心，那么他可能会觉得伴侣的不整洁是可以接受的。但如果他的母亲不整洁，又在情感上疏远了他，那么同样的不整洁可能就会变得让人无法忍受。同样的道理，如果一个人的母亲严格但又关心他，而后来他被送到不太关心他的祖父母那里，那么他可能会将严格视为一种正面的品质。

理解这一点很有帮助：每个人都有自己的过去，每个人的行为都受到他们自己过往经历的影响。别人对我们的反应可能并不真的是因为我们，而是因为触动了他们自己的某些经历。比如，如果我们指出同事的错误，而他有一个严厉和挑剔的母亲，他可能会对我们的评论反应过激。这并不是因为我们有什么特别的问题，而是因为他对批评的容忍度很低。

当我们能够放下过去的模式，不再自我内斗，我们就能从新的角度看待他人。我们会看到他们是独立的个体，有着自己的过往经历和世界观。我们会意识到自己没有读心术，不会急于下结论，也不会想当然。比如，如果老板对我们发火，我们可能会考虑是不是与自己有关，但也会考虑其他可能性。我们不会立刻认为是自己哪里做错了，也不会把它和过去的某些事情联系起来，而是会想“他可能今天心情不好”或者“他可能有什么烦恼”。

这种思考方式有助于我们保持一定的情感距离，理解每个人都有自己的背景和原因。他的这种行为可能与他自己的过去有关，他的反应可能被他自己的经历放大了，而这并不完全是因为我们。通过这种方式，我们可以更客观地看待他人的行为，而不是总是将其与自己联系起来。

一旦我们开始这样的思考，就能更平静地考虑自己是否真的做错了什么。可能我们无意中表现出了不悦，或者确实犯了某个错误。如果我们已经习惯了犯错，并且能够接受这一点，那么就能轻松地承认错误。如果我们不再无休止地自责或自我批评，那么就能进行健康而真实的自我评估。

如果在工作中表现不佳，那么老板对我们提出指正也是合情合理的。如果他的指正方式过于严厉或不尊重，那当然是不可接受的，但这并不意味着我们不需要考虑自己是否需要做出改变。

我们需要检视自己的行为，看看是否能找到问题所在，然后以一种积极的态度去接受、承认并改正错误。如果我们经过客观分析，确信自己并没有做错什么，即使老板还在生气，我们也能保持冷静，因为我们更倾向于相信自己的判断。

我们不会把自己的想法当作不可更改的结论，因为我们已经学会了对绝对的确定性保持怀疑。我们会提出不同的假设来解释事情，分析客观事实，并得出有一定把握的结论，同时保持开放的态度。

通过克服过去，我们可以清除心中的旧有负担，让自己能够看清面前这些人的真实情况。接受自己也有助于我们接受他人。以这种方式面对他人，对我们与他们的关系有着积极的影响，有助于这些关系向好的方向发展。

自我认知与成长

全面地认识自己，放下过去但不遗忘，理解他人作为独立个体的存在，这让我们在人际关系中更加自由、自然和顺畅。站在这个新的视角，我们能够真正地与他人相遇，展现真实的自我，看到对方真实的模样。这样的相遇是人生中难得的宝贵经历，无论是短暂的邂逅还是长久的相伴，都能以真诚的感觉去体验。

我们有时会与别人形成一种特别紧密的联系，这种联系并不是因为我们真正了解对方，而是因为在他们身上看到了自己内心深处害怕或脆弱的部分。我们可能对自己内心的某些方面感到不满，而这些方面在他人身上显现出来时，会以一种强烈的方式吸引我们的注意。由于我们没有经常进行自我反思，那些被我们忽略的部分可能只有在别人的反映中才会变得明显。

这种强烈的情感联系可能会被误认为是真诚的友谊或爱情，但实际上，它更多的是我们内心深处未解决问题的体现。是我们内心深处那些被我们拒绝、忽视、感到痛苦的部分在寻求关注，这些部分超出了我们理性和意识的控制。基于这种感觉建立的关系常常是焦虑不安的，它们可能会激发我们想要紧抓不放或逃避的冲动，最终可能导致更多的痛苦。

这也是我们可能反复陷入不健康关系的原因之一。这听起来有些讽刺，尽管我们试图避免重复过去的痛苦经历，却往往不自觉地与同一类型的人在一起，或重复相似的情境。并非是我们成熟的自我在选择伴侣或朋友，而是我们内心深处那个未曾得到妥善处理的孩子在作祟。

我们未被满足的需求在寻找熟悉的事物。而那些在健康家庭中长大、拥有更多积极人际关系的人，可能不会有如此强烈的缺失感，因此我们与他们的联系可能不会那么强烈。他们可能看起来不那么“像我们”,或者我们可能认为他们不会“足够”关心我们。因此，我们更倾向于与那些能引起共鸣的人建立联系，与他们分享相似的问题。

与他人相遇，如果心态健康，会让人感到平静、满足、踏实和真实。这样的关系也更持久、稳固和安心。当我们学会接纳自我的各个方面，治愈了回忆中的伤痛，我们与世界相处和与他人交往的方式将变得更加令人满意。

当然，别人可能正面临不同的处境或人生阶段，可能他们的行为方式并不那么健康，但我们应对这些情况的方式将更加积极。我们与他人建立联系，不再是为了寻找保护和安全感，而是因为我们内心日益增长的自信，我们将能够与他人建立合作的纽带，相互理解和帮助。在必要时，我们可以启动保护机制，但在其他时候，我们不会觉得有这个必要。

这本书里谈到的所有改变都是可以实现的，每个人都能做到。有些改变容易些，有些改变难一些，但肯定都需要时间，时间长短完全取决于我们如何努力以及付出了多少努力。就像德斯坦和他的自行车一样，我们记忆中根深蒂固的模式也可以通过长时间的日常练习来改变。如果我们只是读了这本书，对其中的一些观点有了认同，但没有实际行动，那么它只会成为一段有趣的思考。

就像那个孩子和村民的故事，这本书不过是一把种子。我们需要思考，自己打算用这些种子做些什么。